FORSCHUNGSBERICHTE DES LANDES NORDRHEIN-WESTFALEN

Nr. 977

Dr.-Ing. Gottfried Kronenberger

Institut für Baumaschinen und Baubetrieb der Technischen Hochschule Aachen
Leiter: Prof. Dr. Georg Garbotz

Untersuchungen über die Verdichtungswirkung und das Arbeitsverhalten eines Einmassenrüttlers auf Schotter und Kiessand zur Ermittlung der maßgeblichen Einflußgrößen bei der Rüttelverdichtung

D 82

Als Manuskript gedruckt

WESTDEUTSCHER VERLAG / KÖLN UND OPLADEN

1961

ISBN 978-3-663-03841-2   ISBN 978-3-663-05030-8 (eBook)
DOI 10.1007/978-3-663-05030-8

Gliederung

Vorwort .... S. 5

1. Einteilung der Rüttelgeräte........................... S. 7

2. Zweck der Untersuchungen .... S. 8

3. Geschichtlicher Rückblick............................. S. 9

   3.1 Stand der Forschung.............................. S. 14

   3.2 Vergleichsversuche und Kontrolle der Verdichtungswirkung einzelner Rüttelgeräte .... S. 16

   3.3 Bodenphysikalische Grundlagenforschung .... S. 21

   3.4 Untersuchungen über das Arbeitsverhalten von Rüttelverdichtern .... S. 25

4. Das untersuchte Rüttelgerät........................... S. 28

   4.1 Die Rüttelplatten................................ S. 29

   4.2 Der Versuchswagen................................ S. 29

5. Die Versuchsbahn und die benutzten Bodenarten......... S. 31

   5.1 Die Versuchsbahn .... S. 31

   5.2 Der Schotter .... S. 31

   5.3 Der Kiessand .... S. 32

6. Die Versuchsdurchführung bei Schotter und Kiessand .... S. 32

7. Die Meßmethoden zur Ermittlung der erreichten Verdichtung bei Schotter und Kiessand............................... S. 34

   7.1 Raumgewichtsbestimmung mittels Sandersatzmethode .... S. 34

   7.2 Plattendruckversuch zur Bestimmung des Elastizitätsmoduls S. 35

   7.3 Die Dichteprüfung durch elektrische Widerstandsmessung . S. 37

8. Meßergebnisse der Verdichtungsversuche .... S. 38

   8.1 Elastizitätsmodul und Trockenraumgewicht bei Schotter.. S. 38

   8.2 Meßergebnisse bei Kiessand .... S. 39

9. Meßmethoden zur Ermittlung des Arbeitsverhaltens ...... S. 40
   hinsichtlich

   9.1 der Beschleunigung .... S. 41

   9.2 der Geschwindigkeit.............................. S. 41

   9.3 des Sprungweges................................. S. 42

   9.4 der Bodenkontaktmessungen........................ S. 43

   9.5 der Unwuchtstellung.............................. S. 43

   9.6 des Drehmomentes .... S. 44

   9.7 der Schlagkraft................................. S. 48

   9.8 des Bodendruckes .... S. 49

10. Einfluß der Variablen des Rüttlers auf das Arbeitsverhalten . . . . . . S. 50
   hinsichtlich
   10.1 der Beschleunigung . . . . S. 50
   10.2 der Auftreffgeschwindigkeit . . . . S. 50
   10.3 des Sprungweges . . . . S. 51
   10.4 der Schlaghäufigkeit . . . . S. 51
   10.5 der Impulsdauer . . . . S. 52
   10.6 des Drehmomentes . . . . S. 53
   10.7 der Schlagkraft . . . . S. 54

11. Einfluß des Bodens auf das Verhalten des Rüttlers . . . . . . S. 54
   hinsichtlich
   11.1 des Sprungweges . . . . S. 54
   11.2 der Schlagkraft . . . . S. 58
   11.3 der Impulsdauer . . . . S. 59
   11.4 des Drehmomentes . . . . S. 63

12. Sonstige Beobachtungen . . . . S. 63
   12.1 Bodenkontakt und Pendeln . . . . S. 63
   12.2 Bodendrücke . . . . S. 65
   12.3 Unwuchtstellung . . . . S. 67

13. Vergleichende Betrachtungen der verschiedenen Einflußgrößen . S. 68

14. Zusammenfassung . . . . S. 70

15. Rechnungsbeispiel zur Bestimmung der erforderlichen Übergangszahl . . . . S. 72

Literaturverzeichnis . . . . S. 74

Vorwort

Die erhöhten Anforderungen, die heute an Straße und Schiene gestellt werden, im Zusammenhang mit einer fortschreitenden Mechanisierung der Erd-, Gleis- und Straßenbaustellen, führten dazu, daß die bisher üblichen Baumethoden teilweise gänzlich geändert werden mußten. Die Forderungen nach immer kleineren Setzungen bei Dammbauten, nach immer geringeren Unebenheiten beim Oberbau und Deckenbau sind nur zwei Gründe, die dazu führten, andere als die bislang bekannten Bauweisen zu suchen. Einen nicht unerheblichen Einfluß haben außerdem die heute üblichen kurzen Bauzeiten auf die Entwicklung genommen. Das heißt, daß die eingesetzten Maschinen, im speziellen Fall die Verdichtungsgeräte, neben einer guten Verdichtungswirkung eine große Flächenleistung haben sollen. Diese Forderungen werden z.T. von den neueren Baumaschinen erfüllt, ohne daß jedoch die Ursache dieser guten Ergebnisse bekannt ist. Lediglich die meßbare Wirkung gibt Auskunft über das gute Gelingen einer Neukonstruktion. Besonders von den Rüttelverdichtern, die im Erd-, Straßen- und Oberbau eingesetzt werden, kann man dies sagen.

Herr Prof.Dr. GARBOTZ hatte sich deshalb, wie er auch in zahlreichen Veröffentlichungen zum Ausdruck bringt, zum Ziel gesetzt, die Zusammenhänge zwischen Ursache und Wirkung bei der Rüttelverdichtung festzustellen. Auf seinen Antrag hin wurden die Untersuchungen der vorliegenden Arbeit vom <u>Lande Nordrhein-Westfalen</u> und vom <u>Bundesverband Naturstein-Industrie e.V.</u> in finanzieller Hinsicht unterstützt. Von der Firma Orenstein-Koppel & LMG. wurden die umbaufähigen Rüttelplatten gebaut und dem Institut zur Verfügung gestellt. Herrn Direktor A.KRAFT möchte ich an dieser Stelle für diese großzügige Unterstützung danken.

Mein besonderer Dank gilt Herrn Prof.Dr.G.GARBOTZ für das Vertrauen, das er mir mit der Übertragung dieser Arbeit entgegenbrachte und für die Ratschläge und Hinweise, mit denen er mich bei der Durchführung der vielfältigen Versuchsreihen unterstützte.

Es ist mir eine Freude und angenehme Pflicht, Herrn Dr.-Ing.H.FRENKING für seine tatkräftige Unterstützung bei der Durchführung der elektronischen Messungen zu danken.

Mit einem Integrationsgerät, das Herr FRENKING in Zusammenarbeit mit der Firma Brandau, Düsseldorf, entwickelte, war es z.B. möglich, den Wegverlauf des Rüttelschuhes durch die elektronische Integration der Geschwindigkeit aufzunehmen.

Außerdem war mir Herr FRENKING bei der Konstruktion des Versuchswagens behilflich, bei dessen Bau ich von der unter der Leitung von Herrn Werkmeister BEGASSE stehenden Institutswerkstatt, besonders durch Herrn SCHMITZ unterstützt wurde.

1. Einteilung der Rüttelgeräte

Als charakteristische Unterscheidungsmerkmale der Rüttelgeräte zum Verdichten von Böden kann man folgende Punkte ansehen:

1. Die Art der Schwingungserzeugung
2. Das Schwingungssystem
3. Die Form der Energieabgabe an den Boden.

Bei fast allen deutschen Fabrikaten werden zur Erzeugung der Schwingungen in den Maschinen rotierende Unwuchtmassen benutzt. Lediglich eine Firma geht einen anderen Weg und benutzt hierzu oszillierende Massen. Sieht man von der letzten Methode ab, so sind die erzeugten Schwingungen zunächst ungerichtet. Durch gegenläufig rotierende oder pendelnde Aufhängung (z.B. Losenhausen) der Unwuchten kann man jedoch gerichtete Schwingungen erzielen. Die Rüttelgeräte arbeiten also entweder mit Kreisschwingern (ungerichtete Schwingungen), gegenläufigen Unwuchten (gerichtete Schwingungen), pendelnd aufgehängten Kreisschwingern (gerichtete Schwingungen) oder aber mit oszillierenden Massen (gerichtete Schwingungen). Diese vier Möglichkeiten sind mehr oder weniger häufig bei den verschiedenen Fabrikaten angewandt.

Als Schwingungssysteme unterscheidet man die Ein- oder Zweimassenschwinger.

Bei Einmassenschwingern sind Erreger und Rüttelplatte unelastisch miteinander verbunden. Der Antrieb erfolgt entweder von einem Geräteträger aus, oder der Motor ist gleichzeitig Erreger (O & K bzw. Frankenwerk).

Bei den Zweimassenschwingern, bei denen ebenfalls Erreger und Platte unelastisch miteinander verbunden sind, stellt der antreibende Motor, der gegenüber der Rüttelplatte abgefedert ist, die zweite Masse dar. Die Abfederung ist im Idealfall so abgestimmt, daß die Masse des Motors beim Arbeiten des Gerätes in Ruhe bleibt, während die Bodenplatte entsprechend der Arbeitsfrequenz Sprünge ausführt.

Als drittes und letztes wesentliches Unterscheidungsmerkmal ist die Art der Energieabgabe an den Boden zu beachten. Man unterscheidet Auflast- und Sprungrüttler. Ein Auflastrüttler bleibt während der Gesamtzeit einer Umdrehung der Unwucht mit dem Untergrund in Berührung. Das bedeutet, daß der Boden dauernd einer Kraft (Auflast) ausgesetzt ist, die sich bei jeder Unwuchtumdrehung zwischen einem minimalen und maximalen Wert verändert. Man erreicht das dadurch, daß man die Erregerkraft (P_o)

nicht größer werden läßt als das Eigengewicht der Maschine (G). Bei dieser Geräteart wird also auf den Boden eine Schwellast aufgebracht.

Alle z.Zt. gebauten Rüttelwalzen sind in ihrer Konstruktion so ausgelegt, daß diese Bedingung $P_o < G$ im Normalbetrieb erfüllt ist. Bei den selbstfahrbaren Walzen ist dies wegen des Fahrantriebes eine zwingende Notwendigkeit, während man bei den Anhängewalzen darauf verzichten könnte, aber dann die Gefahr einer ungleichmäßigen Abnützung des Walzenzylinders befürchten müßte. (Wenn die rüttelnde Walze abheben würde, könnte während dieser Zeit keine Umfangskraft wirksam werden und der Walzenzylinder drehte sich nicht weiter.)

Bei den Plattenrüttlern dagegen muß $P_o > G$ sein, damit ein Abheben vom Boden stattfindet und eine Horizontalbewegung ermöglicht wird. Dies ist natürlich auch schon dann möglich, wenn die Summe der beiden nach unten gerichteten Kräfte G und P_o so klein geworden ist, daß eine vorhandene horizontale Kraft den genügend klein gewordenen Reibungswiderstand zwischen Platte und Boden überwinden kann.

Die horizontale Kraft wird dabei durch einen Geräteträger (O & K oder Frankenwerk) oder durch eine horizontale Kraftkomponente in der Maschine selbst erzeugt. Eine weitere Möglichkeit besteht darin, die Erregerkraft außerhalb des Mittelpunktes der Platte angreifen zu lassen. Wählt man die Drehrichtung der rotierenden Unwucht so, daß die Erregerkraft, nachdem sie vertikal nach oben gerichtet war, in Richtung des Arbeitsfortschrittes zeigt, so kommt auch in diesem Fall eine Fortbewegung zustande (z.B. ABG).

Die Energieübertragungsform ist dei dieser Geräteart (Plattenrüttler) wegen der intermittierenden Kraftübertragung der Schlag oder Impuls.

Es bestehen natürlich zwischen den einzelnen Geräten noch weitere Unterschiede [(z.B. Ein- oder Zweiradrüttelwalzen, steuerbare (B & K) und von Hand gesteuerte Rüttelplatten (Losenhausen)], die jedoch keine wesentliche, d.h. den Verdichtungsvorgang beeinflussende Größen sind.

2. Zweck der Untersuchungen

Um Klarheit über die Wirkungsweise von Rüttelgeräten zu erlangen und damit auch ihr Einsatzgebiet gegenseitig oder gegenüber anderen Gerätegruppen abgrenzen zu können, sollten zunächst einmal Untersuchungen mit einem Einmassenschwinger zur Ermittlung von Ursache und Wirkung bei der Boden- und Schotterverdichtung durchgeführt werden, um so vielleicht Grundlagen, auch für andere Verdichtungsgeräte, zu erarbeiten.

Ein Einmassenschwinger wurde deshalb gewählt, weil es hier relativ einfach war, Unwucht und Gewicht zu verändern und außerdem durch den erforderlichen Fremdantrieb, bei einem entsprechend starken Antriebsmotor, auch die Arbeits-Frequenz in weiten Grenzen zu verändern. Damit waren drei Einflußgrößen variabel, zu denen dann noch die Möglichkeit verschiedener Vortriebsgeschwindigkeiten als weitere Veränderliche hinzukam. Ein Einfluß der Vortriebsgeschwindigkeit war zwar wahrscheinlich, sollte aber nur in wenigen Versuchsreihen ermittelt werden, da die Verdichtungswirkung bei konstanter Frequenz jeweils von der Anzahl der Übergänge und der Vortriebsgeschwindigkeit abhängt, also von der Einwirkzeit pro Flächeneinheit.

Durch entsprechende Versuchsreihen mit verschiedenen Unwuchten, Eigengewichten und Frequenzen mußte es also möglich sein, die Einflüsse der drei genannten Größen bei der Verdichtung zu erkennen.

Da anzunehmen war, daß die Bedeutung der drei Variablen bei der Verdichtung verschiedenartiger Böden von unterschiedlicher Größe sei, wurden als Materialien Kiessand und Schotter gewählt. Damit wurden zwei Baumaterialien verwendet, die im modernen Straßen- und Eisenbahnbau eine bedeutende Rolle spielen.

Außerdem sollte versucht werden, durch die Ermittlung des Arbeitsverhaltens und des Kraftbedarfs sowie evtl. der Schlagkräfte, weitere Aufschlüsse über die Ursache einer guten oder schlechten Verdichtung zu erhalten.

Um festzustellen, in welcher Form und Größe sich die vom Verdichter abgegebene Energie im Boden fortpflanzt und evtl. ändert, war vorgesehen, bei einigen Versuchen die dynamischen Bodendrücke zu messen.

3. Geschichtlicher Rückblick

Von der Frühzeit bis zum Beginn der Industrialisierung im 19.Jahrhundert hatte der Wegebau lediglich die Aufgabe, einen in jeder Jahreszeit passierbaren Weg zu schaffen, ohne daß es jedoch erforderlich gewesen wäre, besonders hohe Radlasten aufzunehmen.

Die Anforderungen, die an eine Straße gestellt wurden, änderten sich jedoch erheblich, als sie mit dem Auftreten maschinell betriebener Fahrzeuge größeren und auch dynamischen Belastungen ausgesetzt waren. Es galt nun, neben einer möglichst ebenen und haltbaren Oberfläche - Forderungen die bereits 1824 von Mac ADAM klar erkannt und zur Entwicklung der Makadam-Bauweise führten - für einen tragfähigen Untergrund zu sorgen. Das konnte einmal durch eine sehr hohe Tragkonstruktion - mit einer entsprechenden Lastverteilung - geschehen, ähnlich wie die Römer ihre Hauptverkehrsstraßen bauten (Abb.1), oder aber durch eine gute Verdichtung des Untergrundes und der Tragschichten [1]. Diese letzte Methode hat den Vorteil, daß man nur einen Bruchteil der Baumaterialien benötigt, die für die erste Art erforderlich sind.

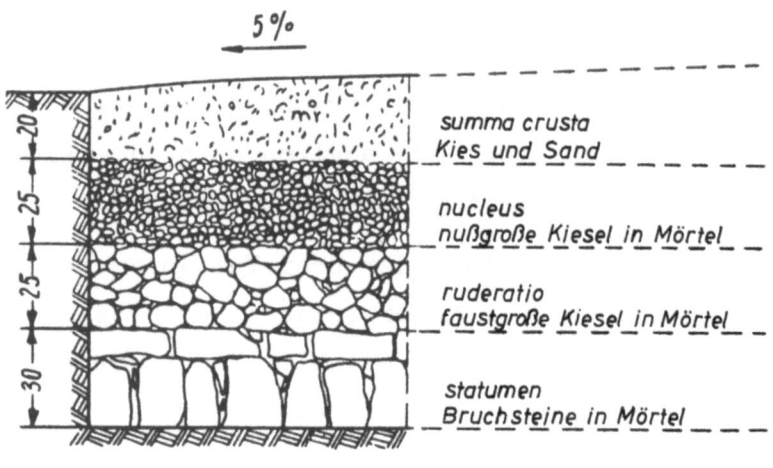

A b b i l d u n g   1

Schema der römischen Straßenkonstruktion

Stampfen oder Komprimieren durch Überfahren mit den Transportfahrzeugen (Baustellenverkehr) waren die beiden Möglichkeiten der künstlichen Verdichtung, die ab 1840 etwa angewandt wurden. "Vor diesem Zeitpunkt war es dem Verkehr überlassen, die Schotter- oder Kiesschicht der neuen Straßen zu ebnen und festzufahren" [2].

Um die gleiche Zeit etwa tritt das Problem der künstlichen Verdichtung auch bei den ersten Eisenbahnbauten auf. Während man zunächst bei den Eisenbahndämmen eine Verdichtung des Schüttgutes der natürlichen Setzung überläßt, versucht man bald, diese langwierige Art durch andere Methoden zu ersetzen. Obwohl als notwendig anerkannt, scheint die künstliche Verdichtung dennoch zunächst auf Widerstand gestoßen zu sein. Professor W.HEYNE schreibt 1876, daß "gewöhnlich keine der drei möglichen Verdichtungsarten, Spülen, Stampfen oder Komprimieren durch Überfahren mit den Transportfahrzeugen, besonders dort, wo es darauf ankommt, nämlich bei höheren Dämmen, zur Anwendung kommt" [3].

Besonders interessant sind seine Äußerungen zum Stampfen. Er schreibt auf Seite 296 seines Buches "Der Erdbau in seiner Anwendung auf Eisenbahnen und Straßen":

> "Die zweite Art der künstlichen Dichtung, nämlich das Stampfen, kann nur bei in sehr dünnen Lagen ausgeführter Schüttung von Nutzen sein; denn es ist erwiesen, daß mit den gewöhnlich gebrauchten, circa 7-8 Kilogramm schweren Erdstößeln eine Kruste von kaum 5 Centimeter Mächtigkeit comprimiert wird, während an dem darunter befindlichen Material das Stampfen gänzlich wirkungslos bleibt.
>
> Je schwerer die zu diesem Zweck benützte Ramme und je stärker der zu deren Handhabung verwendete Arbeiter ist, desto tiefer wird sich natürlich die Wirkung erstrecken, und könnte eine solche von 25-30 Kilogramm Gewicht, von zwei kräftigen Männern gehandhabt, ihre Wirkung vielleicht schon auf 20-25 Centimeter Tiefe erstrecken, nur müßte mit selbiger wirklich gerammt und nicht bloß, wenn der inspicierende Ingenieur in Sicht kommt, einige Leute für die Zeit seiner Anwesenheit schnell zu dieser Arbeit beordert werden, wie es bei den Stößeln gewöhnlich zu geschehen pflegt, was wohl kaum zu verargen ist, da deren Wirkungslosigkeit wohl jeder halbwegs praktische Partieführer sehr gut kennt.
>
> Selbst eine leere Schiebkarre von circa 100 Kilogramm Gewicht, welche auf den Boden in einer Berührungsfläche von höchstens drei Quadratcentimeter drückt, macht auf den Quadratcentimeter circa die zehnfache Wirkung einer Stampfung mit 8 Kilogramm schweren Stößeln; Kippkarren und Straßenwagen natürlich eine noch viel größere."

Nach diesen Ausführungen kann man also annehmen, daß bis etwa 1880 keine anderen Methoden als die geschilderten beim Verdichten von Dämmen üblich waren, obwohl bereits 1825 Preußen in seiner Straßenbauvorschrift eine 2,5 bis 3,0 t schwere eiserne Walze, deren Gewicht durch Wasserballast verdoppelt werden konnte, einführte. Diese Walzen scheinen aber vornehmlich beim Bau von Straßendecken eingesetzt worden zu sein. Nach einer ganzen Reihe von verschiedenartigen Pferdewalzen, die bis zum Jahre 1862 entwickelt und gebaut wurden, brachte der Franzose BALLAISON im gleichen Jahr mit seiner ersten brauchbaren Dampf-Tandem-Walze die entscheidende Wendung auf dem Gebiet des Walzenbaues. Sehr bald erkannte man die entscheidenden Vorteile einer maschinell betriebenen Walze - größere Flächenleitung, größeres Gewicht, kein Aufreißen der Schotterdecke durch die Zugtiere - und in Frankreich, England und Deutschland nahmen eine ganze Reihe von Firmen den Bau solcher Walzen auf. (Es sind die Firmen: Gellrat, Clark and Batho, Aveling and Porter, Maffei, Kuhn, Mehlis und Behrens, denen dann nach einigen Jahren noch viele andere folgten.)[4] Bis zur Jahrhundertwende bleibt dann die Dampfwalze das einzige mechanisch betriebene Verdichtungsgerät.

Um 1900 tauchen die ersten maschinell arbeitenden Pflasterrammen auf, können sich aber nicht durchsetzen und verschwinden bald wieder. Sie sind jedoch der Anstoß für die Entwicklung von Erdverdichtungsgeräten, die einige Jahrzehnte später konstruiert und gebaut werden. Am augenscheinlichsten ist diese Entwicklung bei der Firma Delmag zu verfolgen. Sie beginnt 1910 mit der auf Abbildung 2 zu sehenden, durch Preßluft angetriebenen Pflasterramme und findet, nachdem sich das Gerät nicht bewährte, 1923 ihre Fortsetzung in den Arbeiten und Versuchen der Herren

A b b i l d u n g 2

Mechanische Pflasterramme um 1910

Dipl.-Ing. HAAGE und PFLÜGER bei der Firma Delmag (die 1922 aus der Maschinenfabrik Pflüger & Steiner entstand). Es dauerte 4 Jahre bis ein zufriedenstellendes Arbeitsprinzip für Rammen gefunden war. Es ist das der Firma Delmag 1927 patentierte Prinzip, nach dem heute noch die Explosionsrammen arbeiten [5].

Das erste Gerät, das gebaut wurde, war eine 30 kg schwere Pflasterramme. Da die Ramme sehr gut arbeitete, die Pflasterdecke jedoch im Straßenbau von anderen Baumethoden verdrängt wurde, aber Erdverdichtungsgeräte in immer größerem Maße erforderlich wurden, baute man nach dem gleichen Prinzip arbeitende schwere Geräte, die nur zur Bodenverdichtung bestimmt waren. Das erste 500 kg schwere Gerät - unter dem Namen "Frosch" bekannt geworden - wurde 1934 fertiggestellt und noch im gleichen Jahr auf der Leipziger Frühjahrsmesse der Öffentlichkeit vorgestellt.

Zur gleichen Zeit, etwa 1925, hatte die Schlagverdichtung auch durch den Einsatz von Stampfbaggern im Erdbau Eingang gefunden. Nach dem Prinzip der Schlagverdichtung arbeiteten auch die im gleichen Jahr aus Amerika eingeführten Straßenfertiger [6]. 1929 baute die Firma Dingler ihren bekannt gewordenen Hammerfertiger, ebenfalls ein Stampfgerät, das sowohl zur Planums- als auch Tragschichtverdichtung eingesetzt werden konnte.

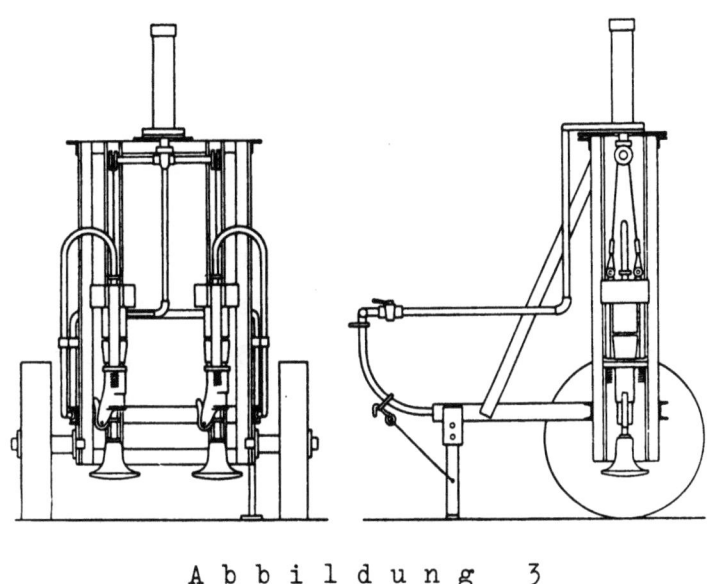

Abbildung 3

Dammverdichter mit Druckluft und zwei Stampfern [7]

In den Jahren nach 1930 wurden noch eine ganze Reihe von Bodenverdichtungsgeräten, die nach dem Schlagprinzip arbeiten, gebaut (Abb.3) [7]. Als ausgesprochene Großgeräte seien hier die auf Raupen fahrenden Stampfmaschinen der Firmen Menck & Hambrock und Dingler'sche Maschinenfabrik AG erwähnt, die bei einem Eigengewicht von 24 t bzw. 18 t über vier Fallhämmer von je 1,5 t bzw. sechs Fallhämmer von je 250 bis 625 kg verfügten.

Besonders bemerkenswert ist die Entwicklung des Bodenverdichters "Jumbo" der Firma Losenhausenwerk, der bereits 1933 als Prototyp eingesetzt wird. Das Gerät, dessen erster Entwurf auf Abbildung 4 zu sehen ist, wird zwar als Bodenschwingungsrüttler (Frequenz 10 bis 25 Hz) bezeichnet, ist aber wegen seiner großen Wuchtkraft von maximal 30 000 kp (Gesamtgewicht des Gerätes etwa 20 t), die ein Vielfaches des Gewichtes der Bodenplatte beträgt, als Schlagverdichter anzusprechen.

Abbildung 4

Erste Handskizze des Bodenverdichters "Jumbo"

Im Jahre 1935 wird der gleichen Firma ein Verfahren zum Erzeugen gerichteter Schwingungen (Pendelaufhängung der Exzentermassen zur Erzielung gerichteter Schwingungen) unter der Nummer 636 551 patentiert. Damit beginnt eine stürmische Entwicklung von Boden- und Betonverdichtern, die zu den heutigen ausgereiften Konstruktionen dieser Firma geführt hat.

Mit der weiteren Entwicklung der Verdichtungsmaschinen für den Erd-, Straßen- und Eisenbahnbau befaßten sich ab 1935 immer mehr Firmen, so daß sich in Deutschland heute sechs Hersteller mit dem Bau von Plattenrüttlern, fünf Firmen mit der Herstellung von Rüttelwalzen befassen, und eine Firma Explosionsgeräte baut. Daneben werden natürlich noch nach wie vor statisch wirkende Walzen und Stampfbagger zur Verdichtung von Böden und anderen Baumaterialien gebaut und eingesetzt [8].

Aus der großen Zahl der Verdichtungsgeräte erkennt man, daß die Anforderungen des Straßenbaues im Laufe der Jahre immer größer und verschiedenartiger geworden sind, so daß es nötig wurde, für die einzelnen Erfordernisse spezielle Maschinen zu entwickeln [9].

3.1 Stand der Forschung

Neben einigen wenigen Forschungsarbeiten, die sich mit dem Arbeitsverhalten von Rüttelgeräten befassen, sind eine Reihe von Veröffentlichungen erschienen, in denen von Testversuchen mit verschiedenen Rüttelgeräten und Böden berichtet wird. Als größter Mangel haftet leider den meisten dieser Berichte an, daß die untersuchten Bodenarten nicht ausreichend beschrieben sind. Angaben wie lehmiger Kiessand oder sandiger Schluff besagen nur wenig, wenn nicht zumindest eine Kornverteilungskurve beigefügt ist. Das soll durch folgende Überlegungen erläutert werden. Die beiden großen Bodengruppen "bindige und nichtbindige Böden" und auch die verschiedenen Böden innerhalb dieser beiden Gruppen zeigen nämlich beim Verdichtungsversuch ein grundlegend verschiedenes Verhalten.

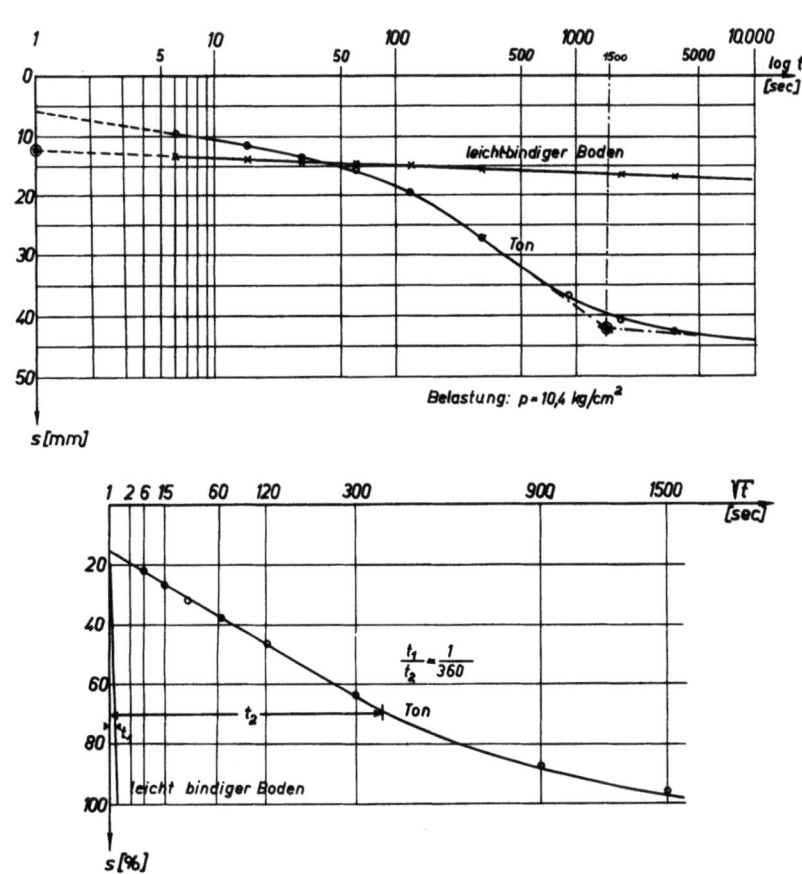

A b b i l d u n g   5

Zeit-Setzungslinien für Ton und einen leichtbindigen Boden bei behinderter Seitenausdehnung

In Abbildung 5 sind für die beiden Bodenarten die Zeitsetzungslinien aufgetragen. Daraus ist zu ersehen, daß der Setzungsvorgang für den schwach bindigen Boden bereits nach 1 s abgeschlossen ist, während beim Ton bis zur Erreichung der Endsetzung 1500 s = 25 min erforderlich sind. Der große Unterschied im Verhalten der beiden Bodenarten ist noch besser auf der zweiten Darstellung, bei der die Endsetzungen mit 100 % angegeben sind, zu erkennen. Wenn auch die aufgezeigten Kurven reine Laboratoriumsversuche widerspiegeln (Druckversuch mit behinderter Seitenausdehnung), so liegen die Dinge auf der Baustelle nicht wesentlich anders.

Ein bindiger Boden läßt sich nämlich nur dann verdichten, wenn er genügend Zeit hat, das in den Poren befindliche Wasser bzw. die darin eingeschlossene Luft abzugeben.

Das Porenwasser nimmt nämlich zunächst jede aufgebrachte Belastung auf und verhindert wegen seiner Inkompressibilität eine sofortige Verdichtung, während die Luftporen sich zwar bei Belastung verkleinern aber zunächst ebenfalls bestehen bleiben. Erst wenn man dafür Sorge trägt, daß ein solcher Boden Porenwasser und -luft abgeben kann, ist er verdichtungsfähig. Beim Versuch geschieht das durch Einbau von Filtersteinen, auf der Baustelle durch dauerndes Aufreißen und Durchkneten des Bodens.

Damit erscheint es nicht möglich, von den physikalischen Eigenschaften eines Tones her gesehen, stark bindige Böden mit zwar großen, aber nur kurzzeitig einwirkenden Kraftstößen zu verdichten. Sobald man jedoch dem bindigen Boden das tragende Porenwasser entzieht, kann eine Stampfverdichtung wirksam werden.

3.2 Vergleichsversuche und Kontrolle der Verdichtungswirkung einzelner Rüttelgeräte

Die 1945 von HUNT [10] beim Road Research Laboratory durchgeführten Vergleichsversuche zwischen einer 215 kg schweren Vibrationswalze, einer 12-t-Gummiradwalze und einer 8-t-Glattwalze auf einer 22 cm hohen Grobsandschicht zeigten eindeutig die Überlegenheit der dynamisch arbeitenden Walze auf diesem Material. Ebenso stellt TOMLINSON [11] (Central Laboratory Southhall) die bessere Verdichtungswirkung einer 1,27 t schweren Anhängevibrationswalze gegenüber einer 10 t schweren statischen Walze auf lehmigem Kiessand fest.

Untersuchungen von TANNER [12] (R.R.L.) mit einer 200 kg schweren Vibrationswalze auf drei verschiedenen Bodenarten (Kiessand, Sand, sandiger Ton) zeigen, daß

1. bei dynamischem Einsatz der Walze auf allen drei Böden wesentlich bessere Verdichtungen erzielt wurden als bei statischem Abwalzen,

2. die Verdichtungswirkung der Vibrationswalze mit steigendem Tongehalt und damit auch größeren Plastizitätszahlen zurückging. Eine gute Verdichtung wurde noch bei einem Tongehalt unter 15 % und einer Plastizitätszahl von 7 erreicht,

3. die maximale Schütthöhe für diese leichte Walze nicht höher als 15 cm sein sollte.

Weitere Versuche von TANNER mit einer 2,5 t schweren Vibrationswalze bestätigen die Behauptung, daß eine Rüttelverdichtung nur dann sinnvoll und zufriedenstellend ist, wenn Ton- und Feuchtigkeitsgehalt leicht bindiger Bodenarten nicht zu hoch liegen.

Die Versuche von PLANTEMA [13] auf einer 5 m hohen Sandschüttung zeigten, daß ein schwerer Plattenrüttler auf diesem Boden am besten mit einer Frequenz von 20 Hz und einem Vortrieb von etwa 8,7 m/min arbeitet. Ein leichterer Plattenrüttler, bei dem nur die Marschgeschwindigkeit geändert werden konnte, hatte die besten Ergebnisse bei einem Vorschub von 4 m/min. Die Verdichtungswirkung eines Delmag-Frosches, bei dem weder Frequenz noch Vortrieb merklich geändert werden können, nahm lediglich mit der Anzahl der Übergänge zu.

Untersuchungen auf Kiestragschichten mit einem Kleinplattenrüttler, die SCHAEFFER [14] durchführte, hatten zum Ziele, den Einfluß der Vortriebsgeschwindigkeit und der Frequenz bei diesem Gerät zu klären. Es wurden drei Frequenzen - 25, 33 und 40 Hz - und drei Marschgeschwindigkeiten - 7,3; 12,3 und 17,5 cm/s - untersucht. Als Resultat ist feszuhalten, daß sich die besten Verdichtungsergebnisse mit den kleinen Vortrieben und Frequenzen einstellten.

Vergleichsversuche, die von THEINER und dem Verfasser [15] zwischen einer schweren und einer leichten Vibrationswalze und einem schweren Plattenrüttler auf einer 30 cm hohen Schotterpackung durchgeführt wurden, zeigten, daß die schwere Walze bei großer Frequenz (45 Hz) und kleinem Vortrieb (0,8 m/s) den beiden anderen Geräten stark überlegen war. Als Maß für die erreichte Verdichtung wurde das Trockenraumgewicht und der Elastizitätsmodul der Schotterdecke gemessen. Die bessere Wirkung der schweren Walze wurde auch durch die Messungen der Druckverteilung innerhalb einer verdichteten Schotterpackung bestätigt. Eine Druckmeßdose, die vor Einbringen der Schotterschicht dicht unter Planumsoberkante eingebaut worden war, wurde, nachdem die Schotterdecke verdichtet war, durch einen senkrecht über der Dose aufgebrachten Druck belastet. Durch Vergleich des aufgebrachten und des in 30 cm Tiefe noch gemessenen Druckes konnte man den prozentualen Anteil der Last, der noch vom Planum aufgenommen werden mußte, ermitteln. (Abb.6 zeigt die gefundenen Werte. Die Messungen haben insofern nur beschränkten Wert für die Praxis, als der aufgebrachte Druck nur statisch wirkte, während die Beanspruchung einer Straße meist dynamischer Natur ist.)

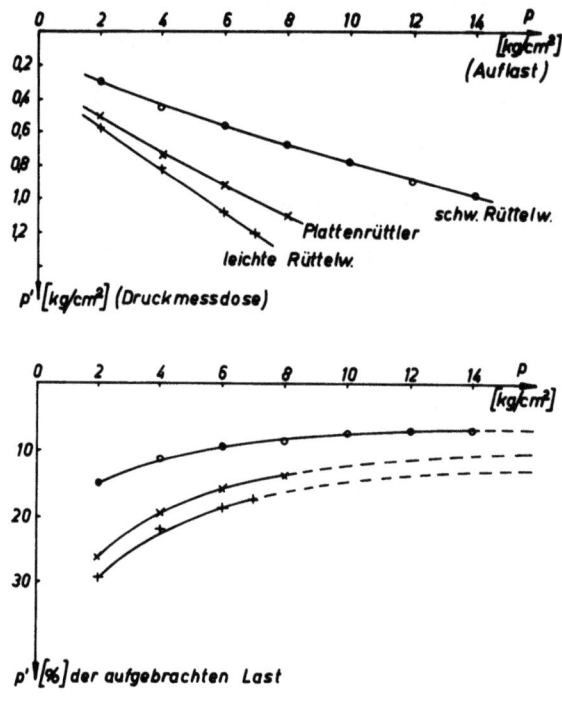

Abbildung 6

Druckabminderung unter einer rüttelverdichteten Schotterdecke bei statischer Belastung

Die Ergebnisse einer großen Zahl von Untersuchungen, die THEINER [16] mit Rüttelgeräten im Institut für Baumaschinen und Baubetrieb auf verschiedenen Böden durchführte, faßte er in die folgenden sechs Punkte zusammen:

1. Die Vorteile der Vibrations-Verdichtung, die größeren Tiefen und intensivere Verdichtungswirkung gegenüber statisch wirkenden Verdichtungsgeräten treten bei kohäsionslosen Böden mit größerem Ungleichförmigkeitsgrad besonders deutlich in Erscheinung. So erstreckte sich die 100 %ige Proctordichte bei zwei Übergängen mit einer 12 t (60 kg/cm) schweren statisch arbeitenden Walze auf 20 cm und mit einer 1,6 (18,4 kg/cm) schweren Vibrationswalze bei annähernd gleicher Geschwindigkeit auf 40 cm Tiefe. Nach fünf Übergängen betrugen die entsprechenden Werte 25 und 50 cm.

2. Aufgrund der Versuche mit Vibrationswalzen ergibt sich, daß nicht unbedingt die größte Schlagkraft die beste Verdichtung erbringt, sondern daß die Rüttel-Frequenz und die Schwingungsweite die Verdichtungswirkung wesentlich beeinflussen. Bei konstanter Rüttelfrequenz (50 Hz) konnten bei kleineren Schwingungsweiten und geringen Schlagkräften bessere Verdichtungsergebnisse erzielt werden, als bei größeren Schwingungsweiten und höheren Schlagkräften. Ferner wurde z.B. mit einer

Schlagkraft von 2400 kp und einer Frequenz von 23 Hz eine schlechtere Verdichtung erzielt, als mit einer Rüttelfrequenz von 40 bis 50 Hz und einer Schlagkraft von 1200 kp. Die größere Schwingungsweite in der Nähe der Resonanzfrequenz (20 Hz) hat sich also ungünstig ausgewirkt.

3. Kleinere Schwingungsweiten und höhere Rüttelfrequenzen in Verbindung mit größeren Schlagkräften sind demnach bei Vibrationswalzen aufgrund der unter 2. angeführten Ergebnisse anzustreben.

4. In Anbetracht der günstigen walztechnischen Vorzüge ist zwar ein möglichst großer Walzendurchmesser wünschenswert, bei der Wahl ist jedoch zu berücksichtigen, daß größere Durchmesser auch ungleich höhere Unwuchtkräfte erfordern, um etwa gleiche spezifische Schlagkräfte wie mit kleinen Walzen zu erreichen; als obere Grenzwerte für den Walzendurchmesser werden etwa 1200 mm empfohlen.

5. Der 2,25-t-Plattenrüttler ermöglichte unterhalb 50 cm Tiefe und die Vibrationswalze (trotz höherer Geschwindigkeit) in den oberen 50 cm eine bessere Verdichtung.

6. Die günstigen Rüttelfrequenzen beim Plattenrüttler (12 bis 18 Hz) lagen wesentlich tiefer als bei der Vibrationswalze.

Die Erfahrungen aus den Versuchen mit Verdichtungsgeräten auf Schotter sind von THEINER in den folgenden sechs Punkten zusammengefaßt:

1. Ein standfester hohlraumarmer Schotterunterbau läßt sich am zweckmäßigsten und schnellsten mit Vibrationsgeräten herstellen, wobei zunächst der Schotter und anschließend das Füllkorn eingerüttelt wird. Für beide Arbeitsgänge eignen sich sowohl Vibrationswalzen als auch Plattenrüttler mit genügend großer Rüttelkraft.

2. Da die Plattenrüttler infolge ihrer Sprungbewegung die obere Schotterschicht wesentlich stärker als Vibrationswalzen lockern, besteht nach ihrem Einsatz eine größere Notwendigkeit zum zusätzlichen Verspannen der oberen Schotterlage.

3. Durch die bessere Verspannung der oberen Schotterlage, am zweckmäßigsten mit schweren Glattwalzen, lassen die die M_E-Werte bei annähernd gleichem Trockenraumgewicht bis zu 100 % erhöhen.

4. Die stärkste Hohlraumverminderung auf 13,8 %, die sich bei dem verwendeten Kalk- und Basalt-Schotter nach dem Einrütteln von Füllkorn ergab, konnte einmal durch den alleinigen Einsatz einer schweren

Vibrationswalze und ferner durch das Zusammenwirken eines Plattenrüttlers und einer 14-t-Glattwalze erzielt werden.

5. Der genannte Prozentsatz ist als sehr gering zu bezeichnen, er liegt im Rahmen der besten Ergebnisse, die von anderen Forschungsstellen bekannt sind.

6. Aus wirtschaftlichen und versuchstechnischen Gründen empfiehlt es sich, nicht allzu viele Übergänge auszuführen, um ein Wiederauflockern des Schotters zu verhindern. Für die Herstellung eines 25 cm starken Schotterunterbaues sollte man höchstens acht Rüttelübergänge aufwenden, und zwar etwa 2 bis 3 zum Festlegen des Schotters und 4 bis 5 zum Einrütteln des Füllkorns, das man zweckmäßigerweise in 3 bis 4 Teilmengen aufbringt. Anschließend empfiehlt es sich, 1 bis 2 statische Walzgänge auszuführen, um eine gute Oberflächenverspannung zu erreichen. Während die kombinierte Gewichts-Vibrationswalze und die schwere Rüttelwalze mit einem Gewicht von 4 bis 5 t die Möglichkeit zur Verwendung für alle drei Arbeitsgänge bietet, ist nach dem Einsatz von Plattenrüttlern ein zusätzliches Gerät zum Verspannen erforderlich.

Der Druckverteilungswinkel in der verfüllten Tragschicht liegt zwischen 50° und 75°.

Versuche von STRECK und SCHMIDTBAUER [17] mit verschieden schweren Plattenrüttlern auf Eisenbahnschotter der Klasse I, die in erster Linie neben der Nachprüfung der Tiefenwirkung der einzelnen Geräte die günstigste Einbaumethode des Schotters ermitteln sollten, zeigten, daß der einlagige Einbau in ganzer Höhe dem zweilagigen überlegen ist. Diese Erkenntnis ist nicht nur für den Eisenbahnbau, sondern auch für die Einführung der Schotterbauweise im Straßenbau von Bedeutung [18].

Sehr umfangreiche Versuche sind vom Road-Research Laboratory in England mit dem Ziel durchgeführt worden, herauszufinden, mit welchen Verdichtungsgeräten die verschiedenartigen Böden (es wurden 6 Bodenarten und 17 Geräte getestet) sich am wirtschaftlichsten auf ein vorher festgelegtes Maß verdichten lassen [19]. Die ermittelten Trockenraumgewichte zeigen, daß fetter Ton am besten mit Schaffußwalzen oder Gummiradwalzen, sandiger Ton mit Gummiradwalze oder Vibrationswalze, abgestufter Sand eindeutig mit einer Vibrationswalze und ein Kies-Sand-Gemisch ebenfalls am besten mit einer Vibrationswalze zu verdichten ist.

3.3 Bodenphysikalische Grundlagenforschungen

Eine ausgesprochene Grundlagenforschung auf dem Gebiete der Schwingungsverdichtung wurde erstmalig durch die Degebo (Deutsche Forschungsgesellschaft für Bodenmechanik) von A.HERTWIG, G.FRÜH und H.LORENZ durchgeführt, deren Ergebnisse 1933 veröffentlicht wurden [19a]. Ausgelöst wurden diese Versuche durch schädliche Setzungen, die unter schweren Maschinenfundamenten auftraten. Man wollte herausfinden, von welchen Größen derartige Setzungen abhängig sind. Mit Hilfe eines Einmassenschwingers, dessen Erregerkraft (P_o) nicht größer als das Eigengewicht (G) des Schwingers werden konnte (also dauernder Bodenkontakt), ermittelte man die interessierenden Kennwerte verschiedenartiger Böden.

A.HERTWIG schreibt zu diesem Verfahren:

"Um die Eigenschaften des Untergrundes zahlenmäßig zu erfassen, wird zunächst die Erregermaschine mit einem Teil des Bodens als Massenpunkt betrachtet, der auf dem Boden als Feder aufruht, die eine von der Bodenart abhängige Federkraft und Dämpfung hat. So kann man den ganzen Vorgang in erster Annäherung durch eine lineare Differentialgleichung

$$\frac{d^2x}{dt^2} + 2\lambda \frac{dx}{dt} + \alpha^2 x = \beta \sin \omega t$$

mit konstanten Beiwerten beherrschen, in der die Masse M des schwingenden Massenpunktes, eine Federkonstante $\alpha^2 = c/M$ und eine Dämpfungszahl $2\lambda = b/M$ des Bodens als Kennzahlen auftreten und $c \cdot x$ die Federkraft und $b \frac{dx}{dt}$ die der Bewegung entgegenwirkende Dämpfungskraft darstellt. Gemessen werden die Amplituden des schwingenden Bodens und die hineingeschickte Leistung als Funktion der unabhängigen Veränderlichen, nämlich der einstellbaren Frequenz ω der Erregermaschine. Zugleich wird noch die Phasenverschiebung zwischen der erregenden Kraft und der erregten Schwingung und der Setzungsverlauf der Maschine gemessen. Aus diesen verschiedenen voneinander unabhängigen Messungen können in der mannigfaltigsten Art die mitschwingende Masse, die Federkraft und die Dämpfungszahl bestimmt werden".

Abbildung 7 zeigt die von der Degebo ermittelten charakteristischen Kurven für einen Sandboden. Man erkennt, daß die Setzungen beim Erreichen eines Phasenwinkels von 90° (Kriterium für Resonanz) erheblich zunehmen. Außerdem ist ein steiles Ansteigen der Leistungskurve des Antriebsmotors an dieser Stelle zu bemerken.

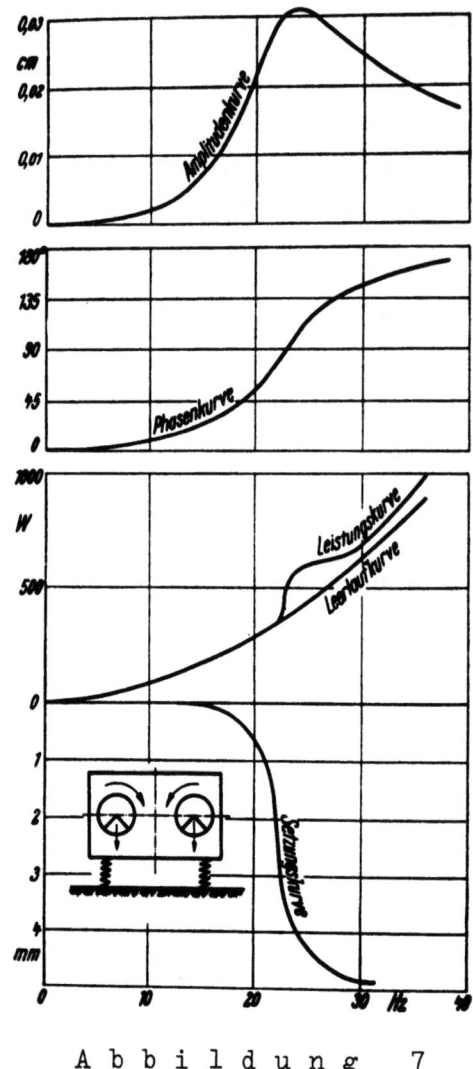

Abbildung 7

Meßwerte, die sich beim Verdichten eines Sandbodens ergaben (Degebo)

Diese Erscheinung scheint zunächst dem physikalischen Gesetz zu widersprechen, daß beim Erreichen der Resonanfrequenz eines Zweimassensystems die erforderliche Antriebsleistung auf ein Minimum absinkt. Die gegenteilige Wirkung der Resonanzfrequenz kommt bei den durchgeführten Messungen wahrscheinlich dadurch zustande, daß die Größe der angeregten Masse (Boden) mit steigender Frequenz größer wird und im Bereich der Resonanz ein Maximum hat.

(Diese Erscheinung benutzt man bei der Feststellung der Eigenschwingungszahl großer Brücken in der Form aus, daß man den Leistungsbedarf eines auf der Brücke aufgesetzten Schwingers mit steigender Frequenz mißt. Bei maximaler Leistungsaufnahme des Schwingers ist die Eigenfrequenz des Bauwerkes erreicht.)

Wenn also die Setzungen beim Erreichen der Resonanzfrequenz erheblich zunehmen, bzw. es in manchen Fällen nur bei der Resonanfrequenz überhaupt zu Setzungen kommt, so müßte man mit allen Schwingungsrüttlern ($P_o < G$), unter Berücksichtigung der von der "Degebo" für verschiedene Bodenarten gefundenen Resonanzfrequenzen, innerhalb weniger Sekunden optimale Dichten erreichen. Da jedoch, selbst bei den Verdichtungsgeräten, bei denen die Voraussetzung $P_o < G$, gegeben ist, die Forderung des Nichtabhebens nicht immer erfüllt wird, kann die Verdichtungswirkung der üblichen Rüttelgeräte nur zu einem Teil auf dem Einfluß der Frequenz beruhen.

(Bei Rüttelwalzen ist bei der Berechnung von γ darauf zu achten, daß nicht das gesamte Walzengewicht G durch P_o zu dividieren ist, sondern lediglich der in Vertikalbewegungen versetzte Anteil der Maschine. Das Gewicht der zweiten Bandage bei Tandemwalzen wird man also normalerweise immer vom Gesamtgewicht abziehen müssen. Tut man dies, so wird in vielen Fällen das errechnete γ gegen 1 streben und evtl. sogar kleiner als 1 werden. Damit wird ersichtlich, daß auch die Rüttelwalze kein reiner Auflastrüttler sein muß, sondern je nach Verhältnis von P_o zu G auch als Schlag- oder Sprungrüttler anzusprechen ist).

Eine weitere Theorie, die von H.LORENZ [20] als stark von der HERTWIG-schen abweichend bezeichnet wird, wurde von T.MAGONI und K.KUBO aufgestellt und besagt, daß die Verdichtungswirkung von der auftretenden Beschleunigung abhängig ist. Diese Theorie wird gestützt durch die Versuche, die von beiden Forschern durchgeführt wurden. Sie ermittelten die Abhängigkeit der Scherspannung im Boden von den durch die Schwingungsmaschine aufgebrachten Beschleunigungen. Es ergab sich eine Abnahme der Scherspannung auf 1/6 des ursprünglichen Wertes bei Steigerung der Beschleunigung bis 2 g. Mit wachsender Beschleunigung ist durch die Verringerung der Scherspannung eine bessere Verdichtung durch eine aufgebrachte Last möglich.

Beachtet man, daß bei den Untersuchungen von HERTWIG bis zum Erreichen der Resonanzfrequenz die Amplituden nach einer Exponentialfunktion zunehmen und Beschleunigungen und Amplitude nach $b = A \cdot \omega^2$ zusammenhängen, so sieht man, daß beide Theorien im Grunde genommen das gleiche aussagen. HERTWIG stellt die Zunahme der Verdichtung in Abhängigkeit von der Erregerfrequenz fest, während MAGONI und KUBO die Beschleunigung als Bezugsgröße zugrunde legen.

Nach A.RAMSPECK [21] beträgt die Amplitude am Schwinger selbst gemessen:

$$A = \frac{p}{\sqrt{(\alpha^2 - \omega^2)^2 + 4\lambda^2 - \omega^2}} \cdot \frac{1}{M}$$

wobei

p = Erregerkraft
M = Masse des Schwingers
α = Eigenschwingungszahl der betreffenden Bodenart
und λ = Dämpfungskonstante

ist.

Die weiteren Ausführungen von RAMSPECK zeigen, daß die erforderliche Kraft zum Überwinden der im Boden wirkenden Kräfte

der Kohäsion   c
des Eigengewichtes   G
und der inneren Reibung (Scherspannung)   S

nur in einem engen Drehzahlbereich erreicht wird, und zwar dadurch, daß bis zum Erreichen der Eigenfrequenz des Bodens die Amplitude (<u>und damit auch die mitgeteilte Beschleunigung</u>) erheblich anwächst.

Eine dritte Theorie, die sich mit der Schwingungsverdichtung befaßt und von TSCHEBOTARIOFF, USA, aufgestellt wurde, besagt, daß die Verdichtungswirkung unter dynamischen Verdichtungsgeräten vor allem durch die hohe Lastwechselzahl bedingt ist. Eine Feststellung, die über das Wesen der dynamischen Verdichtung leider nichts aussagt und durch die in Abbildung 8 wiedergegebenen Versuchsergebnisse auch nicht gestützt werden kann.

Wie man sofort aus Abbildung 8 erkennt, ist eine Zunahme der Verdichtung der Böden in dieser Form nicht möglich. Nach der Darstellung strebt z.B. die Verdichtung des Sandes bei einem Schwingergewicht von 74,90 kg bei 100 000 Lastwechsel gegen unendlich. Da jedoch jede Bodenart irgendeine maximale Dichte hat, die ohne Zerstörung der einzelnen Körner nicht vergrößert werden kann, so müßte diese Kurve einem endlichen Wert asymptotisch zustreben. Die Aufzeichnungen können also nur den Setzungsverlauf des Schwingers darstellen, der sich infolge des seitlichen Ausweichens der einzelnen Sandkörner immer tiefer eingerüttelt hat. Als Setzung des Bodens (Verdichtungswirkung) ist aber diese Erscheinung nicht zu bezeichnen. Ebenfalls unverständlich sind die Kurven für Ton. Hier sind bereits bei einem einmaligen Lastwechsel Setzungen von 0,8 bzw. 1,8 cm vorhanden bzw. aufgezeichnet.

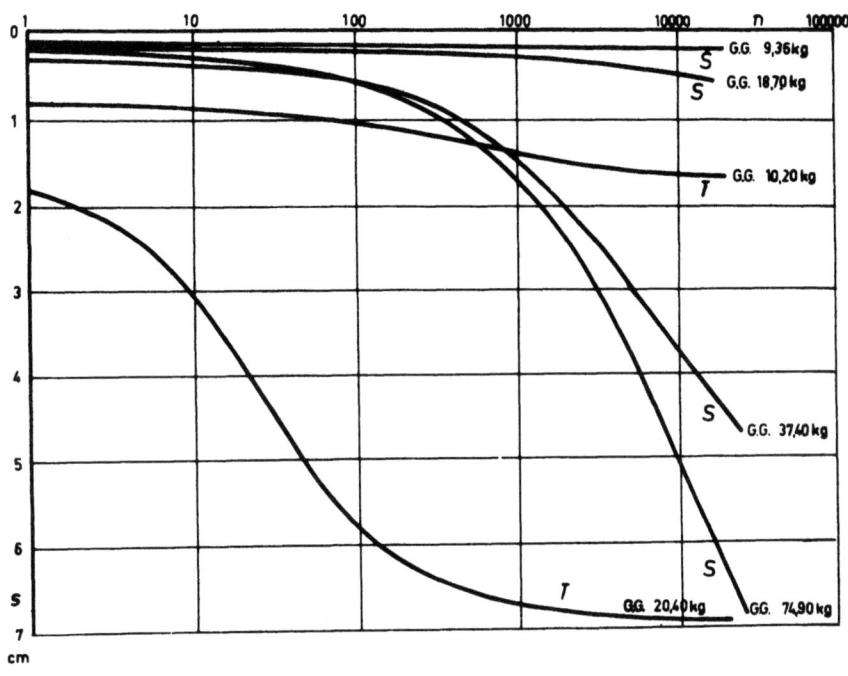

Abbildung 8

Zunahme der Setzung s mit der Anzahl der Lastwechsel n auf Sand (S)
und Ton (T) G.G = Schwingergewicht

Die Darstellung wird dann verständlicher oder wahrscheinlicher, wenn man die Endpunkte der einzelnen Linien in den Koordinatennullpunkt verlegt.

Als Gemeinsames der geschilderten drei Theorien ist aber festzuhalten, daß es sich immer um Schwingungsverdichter mit $P_o < G$, d.h. um solche Maschinen handelte, die während des gesamten Kraftverlaufes Bodenkontakt behielten.

Hier liegt der wesentliche Unterschied zu den Versuchen und Berechnungen, die von BATHELT und HARTMANN in Hannover und vom Verfasser am Institut für Baumaschinen und Baubetrieb in Aachen durchgeführt wurden.

3.4 Untersuchungen über das Arbeitsverhalten von Rüttelverdichtern

Die beiden Forschungsarbeiten, die an der TH Hannover durchgeführt wurden (Dissertation BATHELT: Das Arbeitsverhalten des Rüttelverdichters auf plastisch-elastischem Untergrund [22], Diplomarbeit HARTMANN: Das Arbeitsverhalten eines Einmassenschwingers [23]) hatten zum Ziele, wie es schon in der Themenstellung zum Ausdruck kommt, das Verhalten von Rüttelgeräten während des Verdichtungsvorganges zu klären. Von BATHELT wurden zunächst die Bewegungsgleichungen für einen Zweimassenschwinger aufgestellt und daraus dann Abhebezeiten, Auftreffgeschwindigkeit, Auftreffenergie und Auftreffimpuls abgeleitet.

BATHELT untersuchte die Verhältnisse bei kleinen bzw. nicht vorhandenen Obermassen und verschiedenen Größen von

$$\xi = \frac{1}{\omega} \sqrt{\frac{\bar{c}}{m}},$$

wobei $\sqrt{\frac{\bar{c}}{m}}$ die Eigenkreisfrequenz der Obermasse darstellt und

ω = Erregerfrequenz
$\bar{c}$ = Abfederung des Antriebsmotors und
m = Masse des abgefederten Motors

ist.

BATHELT bezeichnet das Verhältnis von Gewicht zur Erregerkraft mit γ. Bei einem Zweimassenschwinger ist dann:

$$\gamma = \frac{(m + M) \cdot g}{P_o},$$

worin

m = Masse des Rüttelteiles
M = Masse des abgefederten Motors und
$P_o = \bar{m} \cdot e \cdot \omega^2$

ist.

In der Formel für die Erregerkraft P_o bedeutet:

$\bar{m}$ = Masse der Unwucht
e = Exzentrizität der Unwucht und
ω = Erregerfrequenz.

Es liegen nach den Ermittlungen BATHELTs dann optimale Bedingungen für die Auftreffenergie vor, wenn $G : P_o$ etwa das Verhältnis 1 : 3 annimmt, wobei es nach seinen Berechnungen gleichgültig ist, ob dieses Verhältnis durch Veränderung von m oder ω erzielt wird.

Er fand als günstigste γ-Werte in Abhängigkeit von ξ folgende Verhältnisse:

ξ	γ min
0,00	0,31
0,10	0,29
0,25	0,20

Weitergehende Untersuchungen an einem Kleinplattenrüttler (Einmassenschwinger) von HARTMANN zeigten aber schon, daß bei kleineren Werten von γ als 0,32 die Auftreffenergie noch mehrere Maxima hat. Es werden die Werte für γ = 0,161 und 0,107 als weitere günstige Verhältnisse von Gewicht zur Erregerkraft ermittelt und festgestellt, daß die dazwischenliegenden Werte erheblich ungünstigere (im Extremfall Null) Beträge für die Auftreffenergie liefern.

Diese Aussagen können aber nur bedingt richtig sein, und zwar,

1. weil das Verhalten des Bodens nicht mit in die Ausgangsgleichungen aufgenommen wurde und
2. weil kein Unterschied gemacht wurde, ob γ durch z.B. große Unwuchtmassen und geringere Frequenz oder geringere Unwucht und große Frequenz erreicht wird.

Zum Punkt 1 ist zu sagen, daß der Boden, in jedem Fall nach dem ersten Übergang, sobald neben der plastischen auch eine elastische Verformung eintritt, einen mit steigender Verdichtung größer werdenden Einfluß auf das Sprungverhalten des Rüttlers gewinnt [24]. Bei den Großplattenrüttlern, die mit geringer Frequenz (f < 20 Hz) arbeiten, wird das durch die bei großer Härte des Bodens auftretenden sogenannten "Prellschläge" direkt sichtbar, während bei Kleinplattenrüttlern wegen der hohen Frequenzen diese Erscheinung nur durch die elektronische Aufzeichnung des Sprungweges sichtbar wird. BATHELT weist zwar auf diese Prellschläge hin und gibt an, wie der Rüttler wieder in ein normales Arbeitsverhalten zurückgeführt werden kann, berücksichtigt aber das Verhalten des Bodens nicht, bevor es zu diesen Prellschlägen kommt. Bereits vor dem Auftreten dieser unregelmäßigen Sprünge beeinflußt jedoch der Boden das Sprungverhalten, wie später noch dargelegt wird, ohne daß es in jedem Fall visuell wahrgenommen werden könnte.

Die zweite Einschränkung gilt deshalb, weil in jedem Fall die Auftreffgeschwindigkeit von der Rüttelfrequenz abhängig ist. Da aber die Frequenz im Quadrat in P_o eingeht, ($P_o = m \cdot e \cdot \omega^2$) muß bei der Berechnung von γ hierauf Rücksicht genommen werden. Die Abhängigkeit der Auftreffgeschwindigkeit von der Frequenz und der Größe der Unwucht ist durch entsprechende Messungen nachgewiesen. Die Ergebnisse sind auf Tafel 7 aufgetragen.

4. Das untersuchte Rüttelgerät

Die beiden von der Firma Orenstein-Koppel & LMG gebauten und zur Verfügung gestellten Rüttelplatten ähneln in ihrem äußeren Aufbau den Verdichtungsplatten, die an dem von der gleichen Firma gebauten Bodenverdichter RV 12 Verwendung finden. Für die Untersuchungen wurden jedoch die Rüttelplatten mit auswechselbaren Unwuchten und Zusatzgewichten zur Vergrößerung des Eigengewichtes ausgerüstet (Abb.9).

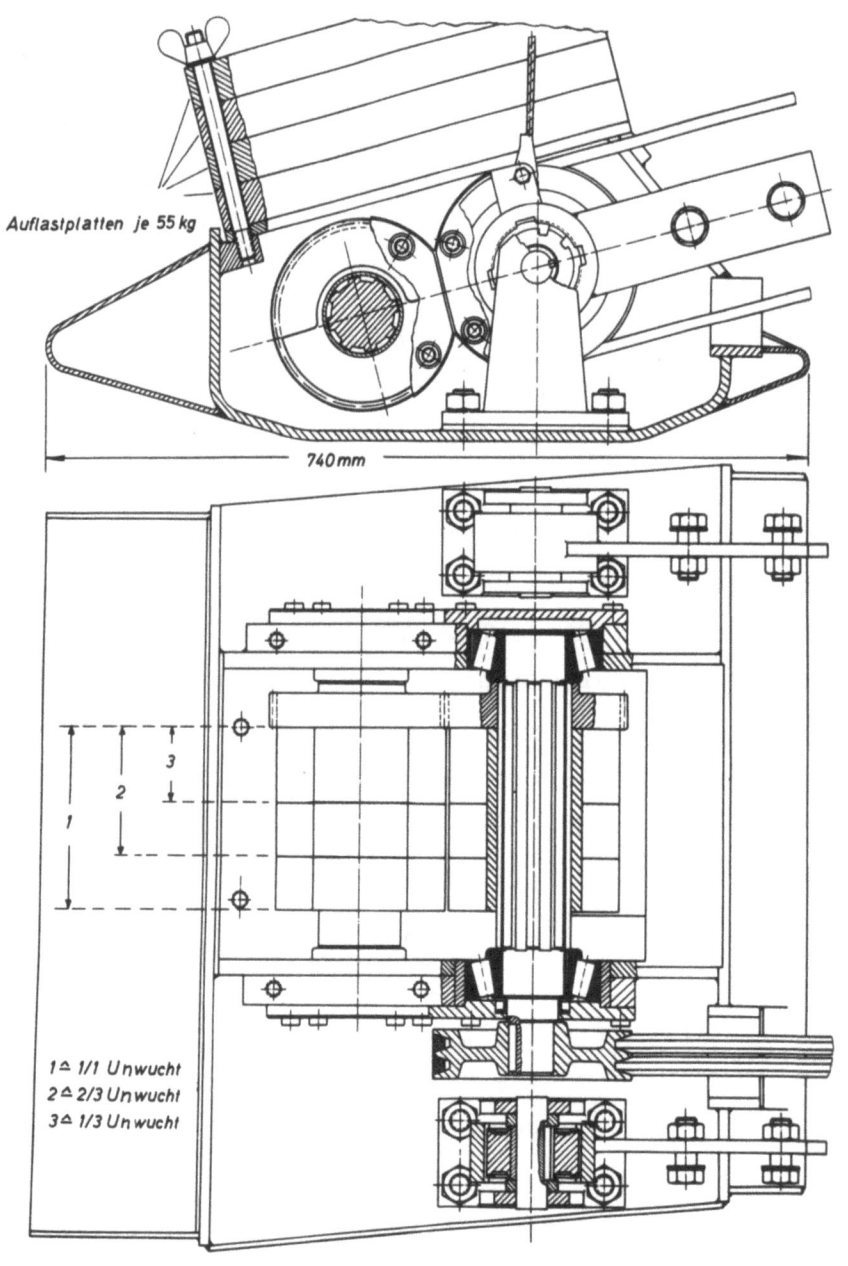

Abbildung 9

Einmassenschwinger mit veränderlicher Unwucht und Auflast

4.1 Die Rüttelplatten

Die Gesamtunwucht eines Rüttlers, bestehend aus zwei gegenläufigen exzentrischen Massen, deren Mittelpunkte mit einem Abstand von e = 4,41 cm um die Wellenachse rotieren, beträgt 2 · 18,9 kg. Die Unwucht besteht aus einzelnen Scheiben und ist so unterteilt, daß Abstufungen von 1,10 kg möglich sind.

Untersucht wurden die Verhältnisse bei 18,9 kg, 13,4 und 7,9 kg. Im Text und in den Tabellen sind diese Werte mit Gesamt- (1/1) 2/3 und 1/3 Unwucht bezeichnet.

Das Gewicht eines Rüttelschuhes kann durch vier Auflastplatten von je 55 kg von 245 bis 465 kg gesteigert werden.

Die Ebene durch die beiden rotierenden Unwuchtwellen ist bei den untersuchten Rüttelplatten um 15° gegen die Horizontale geneigt und damit auch die resultierende Erregerkraft um den gleichen Wert gegenüber der Senkrechten. Dadurch erreicht man eine Horizontalkomponente, die einen günstigen Einfluß auf das Arbeitsverhalten haben sollte. Diese konstruktive Eigenart wurde bei später gebauten Rüttelplatten verlassen, um für Vor- und Rückwärtsfahrt des Gerätes gleiche Bedingungen zu schaffen. (Bei den untersuchten Platten zeigte sich während der Voruntersuchungen bei der Rückwärtsfahrt eine Staubildung vor den Platten. Alle Versuche wurden deshalb nur bei Vorwärtsfahrt durchgeführt.)

4.2 Der Versuchswagen

Um die Untersuchungen bei Bedingungen durchzuführen, die den normalen einer Baustelle entsprechen, war es erforderlich, einen Versuchswagen als Geräteträger zu bauen. Eine stufenlos steuerbare Winde, die am Kopfende der Versuchsbahn stand, und deren Seiltrommel von einem Drahtseil, dessen Enden am Wagen befestigt waren, mehrere Male umschlungen war, diente als Antrieb.

Eine Vor- und Rückwärtsbewegung des Wagens wurde dadurch ermöglicht, daß ein Seilende über eine Umlenkrolle - die an der der Winde gegenüberliegenden Hallenwand befestigt war - geführt wurde. Daneben war der Wagen auch zur Aufnahme des Antriebsmotors (17,4 kW Gleichstrommotor, geregelt durch Leonardschaltung), der über ein Vorgelege die beiden Rüttelschuhe mittels Keilriemen antrieb, erforderlich.

Eine Höhenverstellung wurde gebaut, um den Wagenrahmen abzusenken und damit die Rüttelplatten immer in Normalstellung halten zu können. Die Führungsarme der Rüttelschuhe standen nämlich unter einem Winkel von 15°

gegenüber der Horizontalen nach oben. Beim Verdichten sanken die Rüttelplatten um das jeweilige Setzungsmaß ab, so daß bei gleich hoch verbleibendem Rahmen die Haltebügel einen immer größer werdenden Winkel aufgezeigt hätten. Dann wäre ein Teil der abgegebenen Stoßenergien von diesen Bügeln aufgenommen worden und damit für die Verdichtungsarbeit verloren gewesen.

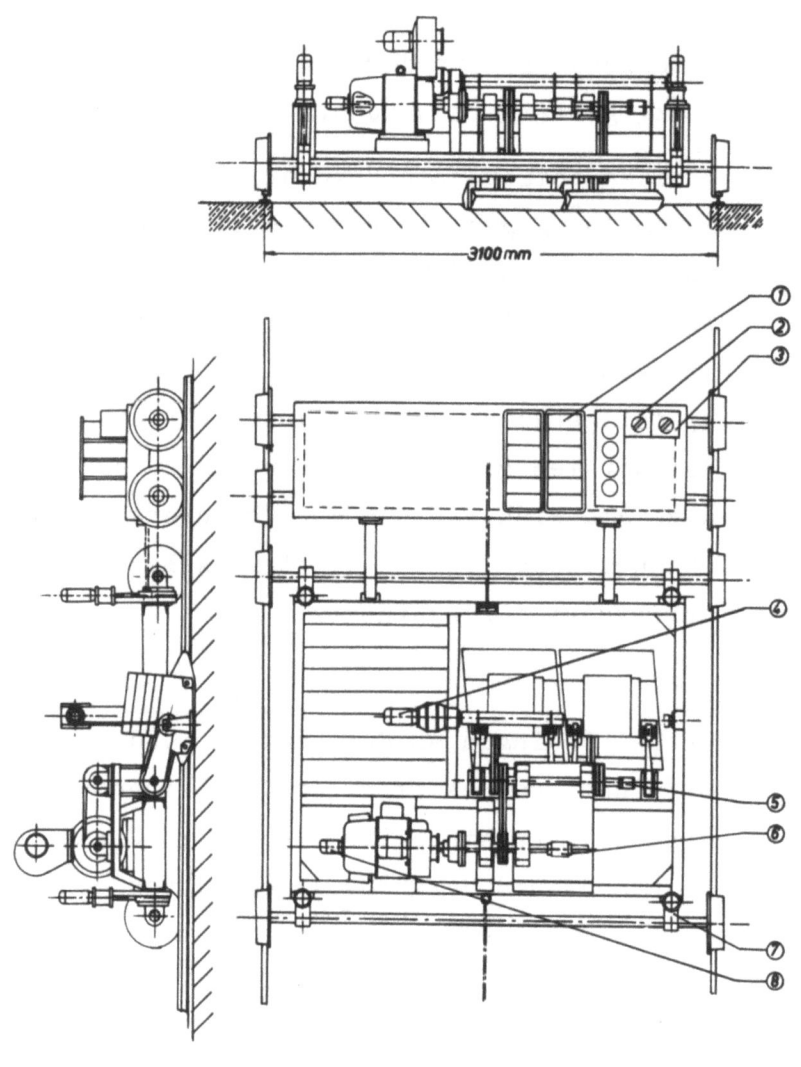

A b b i l d u n g   10

Versuchswagen mit Plattenrüttlern

1. Akkumulatoren
2. Schalter zur Höhenverstellung des Wagens
3. Schalter zum Hochziehen der Rüttelplatten
4. Motor mit Getriebe zum Hochziehen der Rüttelplatten
5. Schleifringkopf
6. Drehmomentmeßnabe
7. Höhenverstellung des Wagens
8. Synchrongenerator zur Drehzahlkontrolle

Wie aus Abbildung 10 ersichtlich, ist auch eine Vorrichtung zum Hochziehen der Schuhe geschaffen worden. Diese war erforderlich, um die Rüttelschuhe nach jedem Übergang anzuheben und den Versuchswagen zum Anfangspunkt zurückfahren zu können.

5. Die Versuchsbahn und die benutzten Bodenarten

5.1 Die Versuchsbahn

Sämtliche Versuche wurden in der 3 m breiten, 20 m langen und 1 m tiefen, in der Längsrichtung von Betonmauern eingeschlossenen Versuchsbahn des Institutes durchgeführt. Auf dem gewachsenen Boden dieser Bahn wurde für die Versuche eine entsprechend hohe Kiessandschicht eingebracht, die solange verdichtet wurde, bis sie einem sehr guten Planum in der Praxis entsprach (E = 2000 kg/cm^2). Die 3 m breite Bahn wurde durch 35 cm hohe Bohlen auf etwa 2 m eingeengt, um ein seitliches Ausweichen (Verdichtungsbreite der beiden Rüttelplatten etwa 1,30 m) der 30 cm hohen Schotterschicht zu verhindern. Durch die beiderseits verbleibenden 35 cm Spielraum wurde ein evtl. Einfluß der Wandreibung weitgehend ausgeschaltet.

Zur Durchführung der Kiessand-Versuche wurde die verdichtete Schicht bis auf 30 cm über gewachsenem Boden abgegraben, wieder gut verdichtet, mit einem gefärbten Sand abgestreut und dann mit Versuchsmaterial 60 cm hoch aufgefüllt. (Die gefärbte Sandschicht wurde eingebracht, um beim Umgraben die Ausgangssohle leichter zu finden.)

5.2 Der Schotter

Der benutzte Basaltschotter hatte eine Kornabstufung 50/70/100 (Abb.11), ein spezifisches Gewicht von 3,00 g/cm^3 und ein Schüttgewicht von 1,51 t/m^3. Als Füllmaterial diente Kalksteinbrechsand 0/5, der ein spezifisches Gewicht von 2,75 g/cm^3 hatte und dessen Kornaufbau aus Abbildung 12 ersichtlich ist.

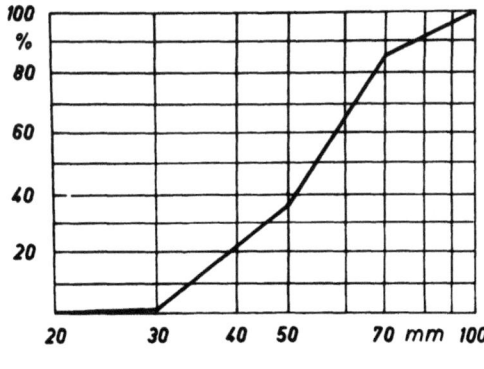

Abbildung 11
Kornverteilung Basalt-Schotter

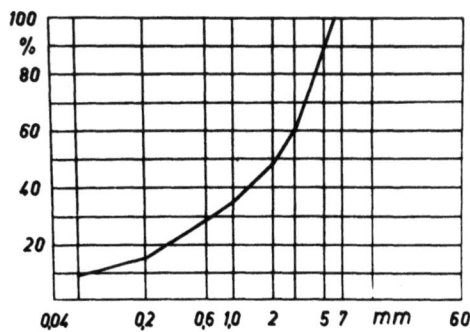

Abbildung 12
Kornverteilung Kalksteinbrechsand 0/5

5.3 Der Kies-Sand

Als zweite Bodenart wurde ein Kies-Sand-Gemisch mit gut abgestuftem Kornaufbau (Abb.13) und nur geringen Schluffbeimengungen verwendet. Dieser Boden wurde gewählt, weil er sich

1. gut verdichten läßt,
2. in ähnlicher Form im Straßenbau viel Verwendung findet und
3. für die Untersuchungen billig beschafft werden konnte.

Er hat ein mittleres spezifisches Gewicht von 2,65 g/cm³ und ergab beim einfachen Proctor-Versuch nach Ausscheiden der Körner $\emptyset > 30$ ein γ_{tr} von 2,19 g/cm³.

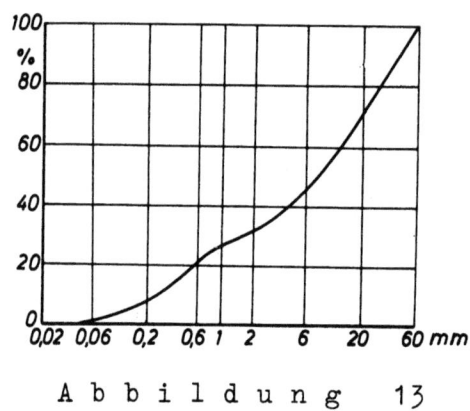

A b b i l d u n g   13

Kornverteilung Kiessand

6. Die Versuchsdurchführung bei Schotter und Kiessand

Wie schon erwähnt, wurde der Schotter in der eingeengten Versuchsbahn in einer Höhe von 30 cm von Hand eingebracht und in Felder von etwa 3 m Länge unterteilt. Dann wurde die gesamte Feldlänge durch einen Übergang eingerüttelt, jedoch jedes Feld mit einer vorher festgelegten Frequenz. Dabei wurde so verfahren, daß während des gesamten Überganges die gleiche Vortriebsgeschwindigkeit eingehalten - um für alle Felder gleiche Einwirkzeit zu haben - und die gewünschte Frequenz auf der ersten Hälfte des markierten Feldes einreguliert wurde. Um bei den fünf Übergängen für jedes Feld jeweils wieder die gleiche Frequenz zu erhalten, mußte eine exakte Drehzahlkontrolle durchgeführt werden. Die gewünschte Frequenz wurde an einem R-C-Generator eingestellt und von diesem auf einen Kathodenstrahl-Oszillographen gegeben (Abb.14). Die Vergleichsspannung lieferte ein am Antriebsmotor angeflanschter Wechselstromgenerator. Sobald sich auf dem Bildschirm des K.O. stehende Lissyjou-Figuren zeigten, war die angestrebte Drehzahl vom Antriebsmotor erreicht. Für

Abbildung 14

Steuerstand und Leonardsatz

1 R-C-Generator
2 Steuerwiderstände
3 Drehzahlmesser
4 Kathodenstrahloszillograph
5 Leonardsatz

das Einregeln waren jeweils nur wenige Sekunden erforderlich, so daß in jedem Falle das eigentliche, mit gleicher Frequenz befahrene Meßfeld noch eine Länge von 2 m hatte.

Die für die ersten Vorversuche gebaute Drehzahlkontrolle blieb für alle späteren Versuche noch bestehen und bestand aus einem normalen Drehzahlmesser, der auch von dem am Antriebsmotor montierten Wechselstromgenerator angetrieben wurde. Dieser Drehzahlmesser erleichterte das Auffinden der gewünschten Drehzahl sehr, da das Bild auf dem K.O. sehr schnell bei Veränderung der Frequenz wechselt.

Nachdem die gesamte Feldlänge zweimal eingerüttelt war, wurden die Meßfelder mit 50 % der zu erwartenden Füllsandmenge eingestreut und dann wieder überfahren. Das gleiche wiederholte sich noch zweimal mit jeweils 25 % der Füllsandmenge. Insgesamt wurde also jedes Feld fünfmal eingerüttelt. Aus den Meßfeldern wurden jeweils drei Bodenproben entnommen und zwei Drucksetzungsversuche durchgeführt.

Auch bei den Verdichtungsversuchen auf Kiessand erfolgte eine Trennung der Versuchsbahn in drei gleich lange Felder, die jeweils mit verschiedenen Frequenzen fünfmal gerüttelt wurden. Neben der Bestimmung des Trockenraumgewichtes und des Elastizitätsmoduls wurde bei den Kies-Sand-Verdichtungen versucht, mittels elektrischer Widerstandsmessungen Aufschluß über den Setzungsverlauf in Abhängigkeit von der Anzahl der Übergänge zu erhalten.

7. Die Meßmethoden zur Ermittlung der erreichten Verdichtung bei Schotter und Kiessand

Von den bisher bekannt gewordenen Methoden zur Nachprüfung der Verdichtung von Böden wurden die in den folgenden Abschnitten beschriebenen Methoden ausgewählt. Verschiedene Versuche, die Zunahme der Dichte bei Schotter durch besondere für diesen Zweck gebaute Geräte und Meßeinrichtungen festzustellen, blieben leider alle erfolglos.

7.1 Raumgewichtsbestimmung mittels Sandersatzmethode

Zur Bestimmung des Raumgewichtes, das ein Maß für die erreichte Verdichtung darstellt, wurde ein nach Angaben des Road Research Laboratory, Harmandsworth/England, angefertigter Standzylinder mit einem Innendurchmesser von 215 mm, einer Füllhöhe von 470 mm und einem Sandauslauf von 22,5 mm Durchmesser bei den Schotterversuchen benutzt. Dieses große Gerät war erforderlich, um der Schottergröße entsprechend große Proben entnehmen und messen zu können. Es ist jedoch so, daß nur eine verfüllte Schotterdecke mit Hilfe dieser "Sandersatzmethode" geprüft werden kann. Sind nämlich die zwischen den Schottersteinen zwangsläufig verbleibenden Zwischenräume nicht mit Sand oder Splitt ausgefüllt, so wird der Normsand, der in das ausgehobene Loch eingefüllt wird, in die seitlichen Zwischenräume wegrieseln und damit ein größeres Volumen des Loches, als es den tatsächlichen Verhältnissen entspricht, anzeigen. Sind dagegen alle Raumzwickel zwischen dem Schotter gut verfüllt (ein Restporenvolumen, das von dem Füllmaterial herrührt, von 10 bis 13 % bleibt immer bestehen), so gibt der eingefüllte Normsand - wenn man von sonstigen kleinen Fehlerquellen absieht [25] - den tatsächlichen Rauminhalt wieder. Daraus geht hervor, daß mit zunehmend schlechter werdender Verdichtung (schlechte Vorverdichtung des Schotters oder schlechtes Einrütteln des Füllsandes) die Ergebnisse der Sandersatzmethode schlechtere Werte liefern als tatsächlich vorliegen. Abhilfe wäre nur durch Verwendung eines Normsandes mit entsprechend großem Korndurchmesser zu schaffen, damit kleinere Raumzwickel, die nicht mehr zum eigentlichen Entnahmeraum gehören, nicht vom Meßsand ausgefüllt werden können. Die angeführten Mängel werden durch die später am Institut angewandte und weiterentwickelte "Wasserersatzmethode" beseitigt.

Bei Kiessand ist die Raumgewichtsbestimmung durch die Sandersatzmethode jedoch sehr gut geeignet. Hier sind Raumzwickel größeren Ausmaßes auch bei relativ schlechter Verdichtung unwahrscheinlich, so daß die Meßwerte bei Kiessand als in jedem Falle gesichert anzusehen sind. Bei Kiessand wurde deshalb auch auf das große Gerät verzichtet und mit einem normalen Standzylinder mit einem Innendurchmesser von 114 mm gearbeitet.

7.2 Plattendruckversuch zur Bestimmung des Elastizitätsmoduls

Eine weitere Methode zur Kontrolle der erreichten Verdichtung ist mit dem Lastplattenversuch gegeben. Eine kreisrunde Stahlplatte wird auf die verdichtete Schotterpackung aufgegipst (zur besseren Lastverteilung) und mit einer hydraulischen Presse, die gegen ein festes Widerlager abgestützt sein muß, in mehreren Laststufen belastet. Die dabei auftretenden Setzungen werden gemessen und ergeben zusammen mit den jeweils aufgebrachten Drücken ein Drucksetzungsdiagramm. Für diese Versuche wurde ein Gerät, das nach Richtlinien der "Vereinigung der Schweizer Straßenfachmänner" (VSS) gebaut wurde, benutzt. (Plattengröße 200 und 700 cm^2.) Bei starrer Lastplatte, d.h. gleicher Setzung aller Teile und homogenem Untergrund gilt für die Steifezahl des Baugrundes nach SCHLEICHER [26]:

$$E = \omega \cdot \frac{p}{s} \cdot \sqrt{F}$$

worin p = Sohldruck unter dem Probebelastungskörper in kg/cm^2,

s = Setzung der Lastplatte unter dem Druck p in cm

F = Grundfläche der Lastplatte in cm^2

ω = ein von SCHLEICHER gefundener Beiwert

ist.

Da $\omega \cdot \sqrt{F}$ die Dimension und Bedeutung einer Länge hat, kann diese Gleichung umgeformt

$$E = \frac{p}{\dfrac{s}{\omega \cdot \sqrt{F}}}$$

mit dem HOOKschen Gesetz für die Elastizität der festen Stoffe

$$E = \frac{p}{\dfrac{\Delta l}{l}}$$

verglichen werden.

In dem Beiwert ω ist in erster Linie die Form der Lastplattengrundfläche, in zweiter Linie die Steifigkeit der Lastplatte enthalten.

Für eine kreisförmige Lastplatte ist $\omega = \frac{1}{2}\sqrt{\pi}$ damit wird

$$E = \frac{\pi}{4} \cdot \frac{p}{s} \cdot d$$

Zur Vereinfachung wird

$$\frac{\pi}{4} = 1$$

eingesetzt und man erhält die auch vom Verfasser benutzte Näherungsformel

$$E = \frac{p}{s} \cdot d \quad (d = \emptyset \text{ der Lastplatte})$$

Für den Lastplattenversuch wird in Deutschland meist die etwas genauere Formel

$$E = 0,75 \cdot d \frac{p}{s} = 1,5 \cdot r \frac{p}{s}$$

benutzt.

Die Problematik dieses Versuches liegt darin, daß man durch geschicktes Auflegen der 200 cm^2 großen Lastplatte auf große Schottersteine die zur Lastaufnahme herangezogene Fläche wesentlich vergrößern und damit willkürlich ein gutes Ergebnis erzielen kann. Diese Möglichkeit ist bei der 700-cm^2-Platte in nicht so starkem Maße gegeben, sie kann aber bei einer 30 cm starken Schotterpackung wegen der großen Tiefenwirkung nicht benutzt werden, da der Setzungsanteil des Untergrundes in einer Tiefe von 2 d (d=∅ der Lastplatte) noch 20 % beträgt. Wollte man also die große Platte mit einem Durchmesser von 30 cm bei ebenso großer Schichtstärke benutzen, so würden die gefundenen Ergebnisse zu einem sehr großen Teil das Verhalten des Untergrundes wiedergeben.

Wegen der großen Schichtstärke von 60 cm konnte jedoch bei den Kies-Sand-Untersuchungen beim Plattendruckversuch die große Lastplatte (∅ = 30 cm) eingesetzt werden. Eine Beeinflussung der Ergebnisse war hier nicht zu befürchten, weil keine Möglichkeit bestand, die zur Lastverteilung herangezogene Fläche zu verändern.

7.3 Dichteprüfung durch elektrische Widerstandsmessung

Die dritte und im Institut für Baumschinen und Baubetrieb wohl erstmalig in dieser Form durchgeführte Verdichtungsprüfung mittels einer elektrischen Widerstandsmessung ist dazu geeignet, auch bei großen Schütthöhen und in verschiedenen Tiefen eingesetzt zu werden. Es wurden jeweils zwei hohle Messingkugeln (Durchmesser 30 mm) durch einen nichtleitenden Holm verbunden (Abb.15). Beide Kugeln sind durch Kabel mit einer WHEATSTONE-schen Brücke verbunden. Durch deren Nullabgleich wurden die jeweils vorhandenen Bodenwiderstände nach jedem Übergang gemessen. Diese Methode ist in erster Linie geeignet, den Verlauf der Verdichtungszunahme in Abhängigkeit von der Tiefe und der Anzahl der Übergänge festzuhalten. Wenn auch diese Prüfmethode nicht in ganzer Konsequenz angewendet wurde - hierzu hätten erst grundsätzliche Untersuchungen zur Erfassung der Einzeleinflüsse durchgeführt werden müssen - so sei doch auf die Möglichkeiten dieses Verfahrens bei späteren Untersuchungen hingewiesen.

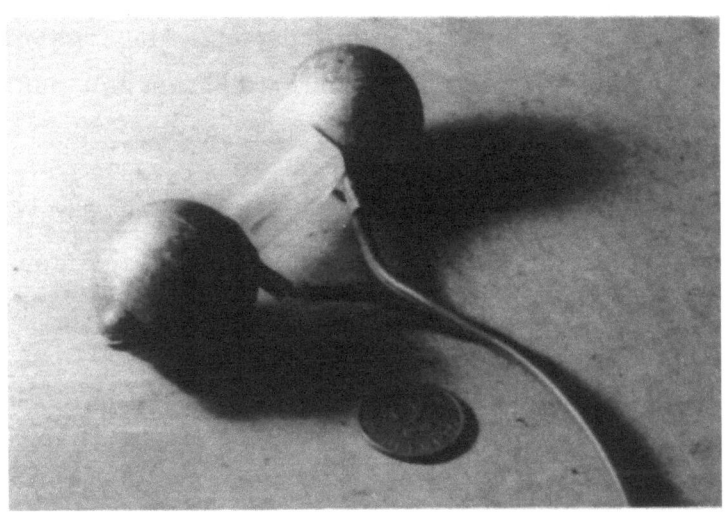

Abbildung 15

"Kugel-Sonden" zur elektrischen Widerstandsmessung des Bodens

Beim Boden hängt der "spezifische Widerstand" in erster Linie von der Ionenkonzentration, der Temperatur und dem Porenvolumen ab. Er fällt mit steigender Ionenkonzentration, steigender Temperatur und Verringerung des Porenvolumens. Da sich beim Durchgang von Strömen durch Elektrolyte die Ionenkonzentration an den Elektroden ändert (Polarisation) und die wandernden Ionen gleichzeitig neutrale Wassermoleküle zur Kathode befördern, sind Gleichstrommessungen am Boden nur unter bestimmten Bedingungen möglich. Sie haben dann aber den Vorteil großer experimenteller Einfachheit [27]. Der Einfluß der Polarisation wurde bei den Versuchen durch nur kurzzeitiges Messen (maximal 2 s) ausgeschaltet. Leider hat aber diese Methode den Nachteil, daß beim Eichen die erwähnten drei Einflußgrößen, nämlich Feuchtigkeit, Dichte und Temperatur, berücksichtigt werden müssen. Verzichtet man jedoch auf die Kenntnis der absoluten Größen dieser Variablen, so kann man immer noch eine sehr gute Aussage über den qualitativen Verlauf der Verdichtungszunahme in den verschiedenen Tiefen machen. Dabei ist lediglich der zuerst (vor der Verdichtung) gemessene Widerstand = 100 % zu setzen und alle späteren Messungen am gleichen Meßelement, hierzu in Beziehung zu setzen. (Die Möglichkeiten dieser Meßmethode konnten leider wegen der fehlenden Eichkurven nicht voll ausgenutzt werden.)

8. Meßergebnisse der Verdichtungsversuche

Die Ergebnisse der Raumgewichts- und Elastizitätsmessungen sind, wie schon unter Abschnitt 7.1 und 7.2 ausgeführt, bei Schotter bzw. Kiessand verschieden zu bewerten. Während bei Schotter die Meßergebnisse wegen der möglichen Fehlerquellen vorsichtig beurteilt werden müssen, sind diese bei Kiessand als unbedingt zuverlässig anzusehen.

8.1 Elastizitätsmodul und Trockenraumgewicht bei Schotter

In den Tabellen 1 und 2[1]) sind die aus zwei bzw. drei Messungen gemittelten Werte für
1. bleibende Setzung beim Plattendruckversuch,
2. Elastizitätsmodul aus Zweitbelastung,
3. Restporenvolumen der verfüllten Schotterschicht,
4. Füllsandanteil und
5. Raumgewicht der verdichteten Schotterpackung

zusammengestellt. (Die stat. Übergänge wurden bei 1/1 U und 50 Hz versuchsweise angeschlossen, um eine evtl. Verbesserung der Verdichtungsergebnisse durch Nachwalzen zu kontrollieren. Wie aus den Werten der Tafel 1 ersichtlich, war das nicht der Fall.)

Beim Vergleich der Meßergebnisse, die mit den verschiedenen Unwuchten, Frequenzen, Auflastplatten und Vortriebsgeschwindigkeiten erreicht wurden, ist zu beachten, daß die Verdichtung dann gut ist, wenn

---

1. Sämtliche Tabellen und Tafeln befinden sich am Schluß des Berichtes

1. die bleibende Setzung und das Restporenvolumen klein,
2. der Elastizitätsmodul und das Raumgewicht groß und
3. der Füllsandanteil möglichst zwischen 20 und 25 % liegt.
   (Der optimale Füllsandanteil ist abhängig von der Kornzusammensetzung des Schotters.)

Die Versuchsergebnisse zeigen, daß man die jeweils größtmögliche Verdichtung dann erreicht, wenn man:
1. mit wachsender Unwucht die Auflast vergrößert,
2. bei kleiner werdender Unwucht die Frequenz erhöht und
3. bei gleicher Übergangszahl eine möglichst kleine Vortriebsgeschwindigkeit wählt.

Beim Vergleich der Verdichtungsergebnisse (Tafel 2) ist zu beachten, daß die vollständige Versuchsreihe (1 bis 4 Auflastplatten) mit 1/3 U mit einem kleineren Vortrieb als bei 2/3 U und 1/1 U gefahren wurde. Der kleine Vortrieb war erforderlich, weil sich bei der normalen Geschwindigkeit von 0,14 m/s der Schotter vor den Rüttelschuhen aufstaute und damit ein einwandfreies Einrütteln nicht mehr gewährleistet war.

8.2 Meßergebnisse bei Kiessand

Zur Beurteilung der Verdichtung von Kiessand stehen drei Meßgrößen, Δs, M_E und γ_{tr} zur Verfügung. Man muß jedoch den jeweils vorhandenen Wassergehalt, beim Vergleich der Ergebnisse untereinander, beachten und berücksichtigen, daß die Verdichtungswilligkeit eines Bodens sehr stark vom Wassergehalt abhängig ist. Da der Wassergehalt des Bodens nicht auf einem bestimmten Wert gehalten werden kann und damit für alle Versuchsreihen gleiche Voraussetzungen geschaffen wären, muß eine Korrektur der gefundenen Meßergebnisse vorgenommen werden. Im Idealfall so, daß für jede aufgebrachte Verdichtungsarbeit d.h. Geräteeinstellung, eine besondere Proctorkurve aufgestellt wird, und der vorhandene Wassergehalt zu dem optimalen in Beziehung gesetzt wird.

Da es bei den vorliegenden Untersuchungen auf die Ermittlung absoluter Größen nicht ankam, und auch nur eine geringfügige Verschiebung der Größenordnung eintritt, wurde auf diese Methode verzichtet und die tatsächlichen Wassergehalte lediglich zu dem einmal ermittelten des einfachen Proctorversuches (Tafel 1) in Beziehung gesetzt und die Meßergebnisse auf das entsprechende Maß geändert. Diese korrigierten Werte sind in Tabelle 3 mit aufgetragen.

Auch bei Kiessand zeigt sich, daß

1. die besten Ergebnisse bei wachsender Unwucht mit größerer Auflast erzielt werden und
2. mit kleiner werdender Unwucht die günstigste Frequenz ansteigt.

Als besonders wichtiges Ergebnis ist bei diesen Versuchen festzustellen, daß die bei allen Unwuchtgrößen gemessenen <u>besten</u> Verdichtungsergebnisse etwa bei 40 Hz liegen.

Deutlich ist dies auf Tafel 3 zu erkennen. Durch die graphische Darstellung der Meßergebnisse M_E und γ_{tr} ist hier, bis auf eine Ausnahme, die gleichsinnige Tendenz bei allen Meßgrößen ersichtlich.

Die besonders schlechten M_E-Werte für 1/3 U und 25 Hz deuten auf eine sehr geringe Tiefenwirkung hin. Die an der Oberfläche gemessenen Raumgewichte sind nämlich noch als gut anzusprechen, so daß der schlechte Elastizitätsmodul nur auf eine ungenügende Verdichtung in der Tiefe zurückzuführen ist. Die Tiefenwirkung beim Plattendruckversuch bei Verwendung einer Platte von 30 cm Durchmesser beträgt in 60 cm Tiefe noch 20 %. Es wird also beim Lastplattenversuch die gesamte Schütthöhe zur Lastverteilung beansprucht.

Die Ergebnisse der elektrischen Widerstandsmessungen (Tafel 4) in verschiedenen Tiefen der 60 cm hohen Schüttung zeigten, daß

1. die Zunahme der Dichte in Abhängigkeit von der Anzahl der Übergänge in der Tiefe schneller abklingt als an der Oberfläche,
2. die Zunahme der Verdichtung nach dem dritten Übergang nur noch sehr gering ist.

9. Meßmethoden zur Ermittlung des Arbeitsverhaltens

Bei diesen Versuchen, die nur auf Kies-Sand durchgeführt wurden, bereitete die Forderung, immer wieder gleiche Voraussetzungen zu schaffen, erhebliche Schwierigkeiten. Es wurde so verfahren, daß der Boden für jede Überfahrt in einer möglichst gleichmäßigen Schicht aufgegraben wurde. Damit war die Forderung nach gleichen Versuchsbedingungen nur mangelhaft erfüllt, und es sollte deshalb bei evtl. späteren Untersuchungen des Arbeitsverhaltens von Rüttelgeräten versucht werden, einen "Ersatzboden" zu benutzen, dessen dynamischen Eigenschaften variiert werden können, dessen Kennwerte aber immer wieder reproduzierbar sind.

9.1 hinsichtlich der Beschleunigung

Um den Beschleunigungsverlauf eines Rüttelschuhes beim Arbeiten möglichst exakt zu erfassen, wäre es erforderlich gewesen, einen Beschleunigungsaufnehmer im Massenmittelpunkt des Gerätes einzubauen. Da dies unmöglich war, wurde der Beschleunigungsaufnehmer - wie auch später der Geschwindigkeitsaufnehmer - senkrecht über dem Massenmittelpunkt des Rüttelschuhes befestigt. Als Geber fanden zunächst solche der Firma Brosa Verwendung, sie wurden aber bald wegen ihrer zu niedrigen Eigenfrequenz durch Hottinger-Geber ersetzt (Abb.16). Diese Geräte bestehen aus einem System Feder-Masse hoher Eigenfrequenz. Wird dieses System (Geber) mit einer kleineren als der Eigenfrequenz bewegt, so übt die Masse einen Druck auf das Federungssystem aus, der proportional der Beschleunigung ist. Die hierbei entstehende Lageänderung wird für eine Induktivitätsänderung ausgenutzt und in eine Spannung umgesetzt, die über einen Trägerfrequenzverstärker auf den Direktschreiber gegeben wird.

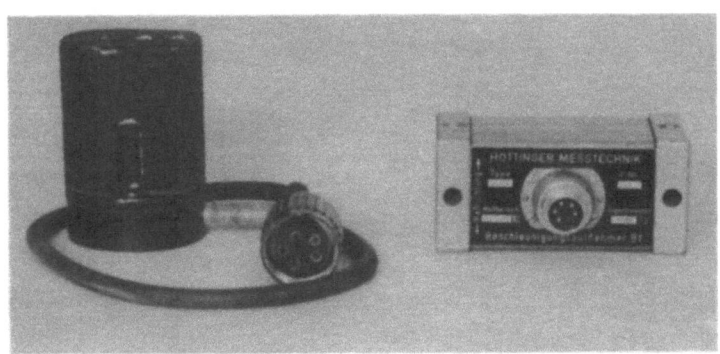

Abbildung 16

Geschwindigkeitsaufnehmer, Fabrikat CEC und Beschleunigungsaufnehmer

9.2 der Geschwindigkeit

Der verwendete Geschwindigkeitsaufnehmer (Abb.16, Fabrikat CEC) besteht aus einem System Feder-Masse niedriger Eigenfrequenz (4 Hz). Wird das Gehäuse mit einer größeren Frequenz als der Eigenfrequenz bewegt, bleibt die Masse infolge Trägheit in Ruhe. Die Masse besteht aus einem permanenten Magnet, so daß bei einer Bewegung gegenüber einer Spule (Gehäuse), in dieser eine Spannung proportional der zeitlichen Änderung der Lage, also proportional der Geschwindigkeit, induziert wird. Diese geschwindigkeitsproportionale Spannung kann unmittelbar auf dem Schreiber registriert werden.

9.3 des Sprungweges

Um den Sprungverlauf des Rüttelschuhes festzuhalten, war es notwendig, die Geschwindigkeit zu integrieren. Relativwegaufnehmer kamen für die Messungen nicht infrage, weil ein Festpunkt, der gegenüber der Rüttelplatte eine fixierte Lage hatte, weder vorhanden war, noch durch irgendwelche Hilfsmittel geschaffen werden konnte. Der Rahmen des Geräteträgers war hierzu nicht zu benutzen, weil er beim Arbeiten der Rüttelschuhe in Schwingung versetzt wurde.

Die Integration der Geschwindigkeit wird durch ein von Herrn Dr.-Ing. H. FRENKING in Zusammenarbeit mit der Firma Brandau, Düsseldorf, für diesen Zweck entwickeltes Integrationsgerät durchgeführt (Abb.17).

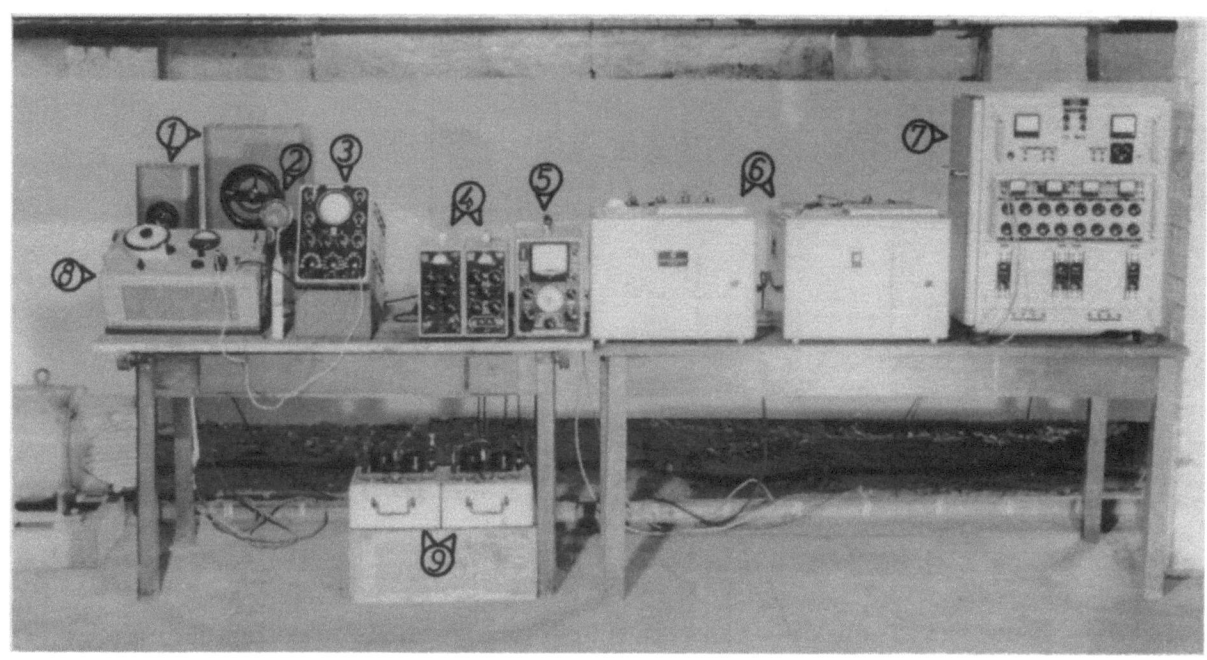

Abbildung 17

Meßplatz zur gleichzeitigen Registrierung
von acht verschiedenen Vorgängen

1 Steuerwiderstände für Antriebsmotor
2 Drehzahlmesser
3 Kathodenstrahloszillograph
4 Brandau-Meßbrücke
5 Hottinger-Meßbrücke
6 Direktschreiber
7 Integrationsgerät
8 R-C-Generator
9 Askania Meßbrücke (System "Lehr")

Durch den Einsatz dieses Gerätes und durch Montage eines Beschleunigungs- und Geschwindigkeitsaufnehmers in der Schwerachse des Rüttlers war es möglich, Beschleunigung, Geschwindigkeit und Weg gleichzeitig zu messen und durch Verwendung eines Vierfach-Direktschreibers auch zu registrieren [27a].

9.4 der Bodenkontaktmessungen

Die Bodenplatte wurde zur Kontrolle des Bodenkontaktes mit zwei 8 cm breiten Stahlblechen entlang der vorderen und hinteren Kante der Auflagefläche beklebt. Mit zwei Streifen deshalb, um das bei früheren Versuchen beobachtete Wippen des Schuhes zu kontrollieren. Die Stahlbleche waren isoliert aufgeklebt und mit dem Fahrzeugrahmen als Masse über einen Akku verschaltet (Abb.18).

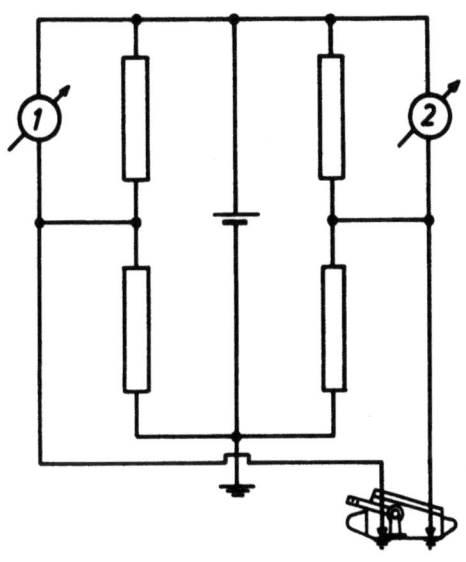

A b b i l d u n g   18

Schaltskizze für die Bodenkontakt-Meßeinrichtung

Bei Bodenkontakt wurde an einem Widerstand ein veränderter Spannungsabfall hervorgerufen, der auf dem Direktschreiber registriert werden konnte. Wie die abgebildeten Registrierstreifen (s.S.65) zeigen, war ein einwandfreies Arbeiten nach dieser Methode möglich.

9.5 der Unwuchtstellung

Um bei Aufnahme der Bewegung und auch der Schlagkraft zu wissen, welche Stellung gerade die Unwucht innerhalb des Rüttelgehäuses einnimmt, wurde eine ausgezeichnete Stellung der Unwuchten (P_o max) bei jeder Umdrehung registriert. Ein U-förmiges Blechpaket wurde hierzu mit zwei gleichen Spulen versehen, von denen die eine von einem Wechselstrom (16 kHz) durchflossen war. Der Kopf einer Schraube, die an der Keilriemenscheibe der Unwuchtwelle befestigt war (Abb.19), durchlief bei jeder Umdrehung die Öffnung des U-förmigen Blechpaketes und änderte dabei jeweils die Kopplung der beiden Spulen, was wiederum zur Folge hatte, daß ein Impuls gewonnen wurde, der auf dem Schreiber registriert werden konnte. Wie alle Abbildungen (z.B. S.57) der verschiedenen Messungen zeigen, arbeitete diese Einrichtung auch noch bei 60 Hz zufriedenstellend.

A b b i l d u n g 19

Geber zum Registrieren der Unwuchtstellung

Diese relativ komplizierte Meßeinrichtung war erforderlich, weil sich direkte Kontaktmessungen wegen der auftretenden hohen Beschleunigungen und Geschwindigkeiten als unbrauchbar erwiesen hatten. Die häufig angewendete einfachere Methode, durch ein mit der Unwuchtwelle umlaufenden permanenten Magneten in einer Spule einen Spannungsimpuls zu erzeugen, wurde nicht angewendet, weil vorgesehen war, die Drehzahl in weitem Bereich zu ändern. Hierdurch wäre die induzierte Spannung sehr unterschiedlich ausgefallen, da $U_i = \frac{d\phi}{dt}$ ist.

9.6 des Drehmomentes

Zur Messung der von den Rüttelplatten aufgenommenen Leistung wurde eine Drehmomentmeßeinrichtung gebaut. (Die Methode über ein registrierendes Wattmeter die Leistungsaufnahme des Motors zu messen, hatte sich bei

Voruntersuchungen als ungenau erwiesen.) Und zwar in der Form, daß die Antriebswelle mit Dehnungsmeßstreifen unter 45° zur Längsachse beklebt wurde. Im Betrieb wurde die Welle je nach Kraftbedarf tordiert, was zur Folge hatte, daß die DMS die Größe der auftretenden Schubspannungen (weil unter 45° aufgeklebt) in Form von Widerstandsänderungen anzeigten, die über einen speziellen Schleifringkopf abgenommen wurden. Bei den ersten Versuchen zeigte sich jedoch, daß die Meßwelle in dieser Form den Anforderungen nicht genügte. Obwohl zur Lagerung jeweils Pendelrollenlager benutzt wurden, gelang es nicht, die drei Lagerstellen so exakt auszurichten, daß im Leerlauf keine Beanspruchung der Antriebswelle (Abb.20) stattfand. Es ergaben sich selbst im Leerlauf kleine Meßgrößen, so daß die Meßeinrichtung in dieser Form unbrauchbar war.

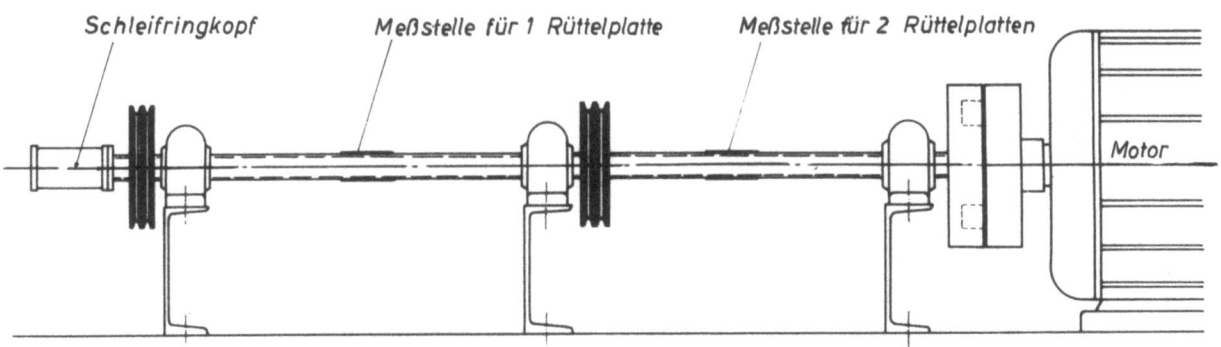

A b b i l d u n g 20

Drehmomentmeßeinrichtung

Die zweite Form, wie sie in Abbildung 20a dargestellt ist, arbeitete dann zufriedenstellend. Hier war eine Beanspruchung der Meßstellen außer durch den normalen Betrieb nicht möglich, da die frei auskragenden Wellenenden nur durch Torsion belastet werden konnten. Gemessen wurde die Torsion der über den freien Wellenenden sitzenden und mit diesen verstifteten Hülsen.

Wie aus Abbildung 20a ersichtlich, wurde einmal über DMS und Schleifringkopf (M_d für <u>eine</u> Rüttelplatte) und zum anderen durch eine Drehmomentmeßnabe, die auf einer verstifteten Hülse befestigt war, gemessen. In der Meßnabe wird die Annäherung zweier benachbarter Querschnitte infolge Verdrehung mittels induktiver Geber gemessen. Über einen Verstärker werden die Meßwerte dem Schreiber zugeführt (s.Abb.20b).

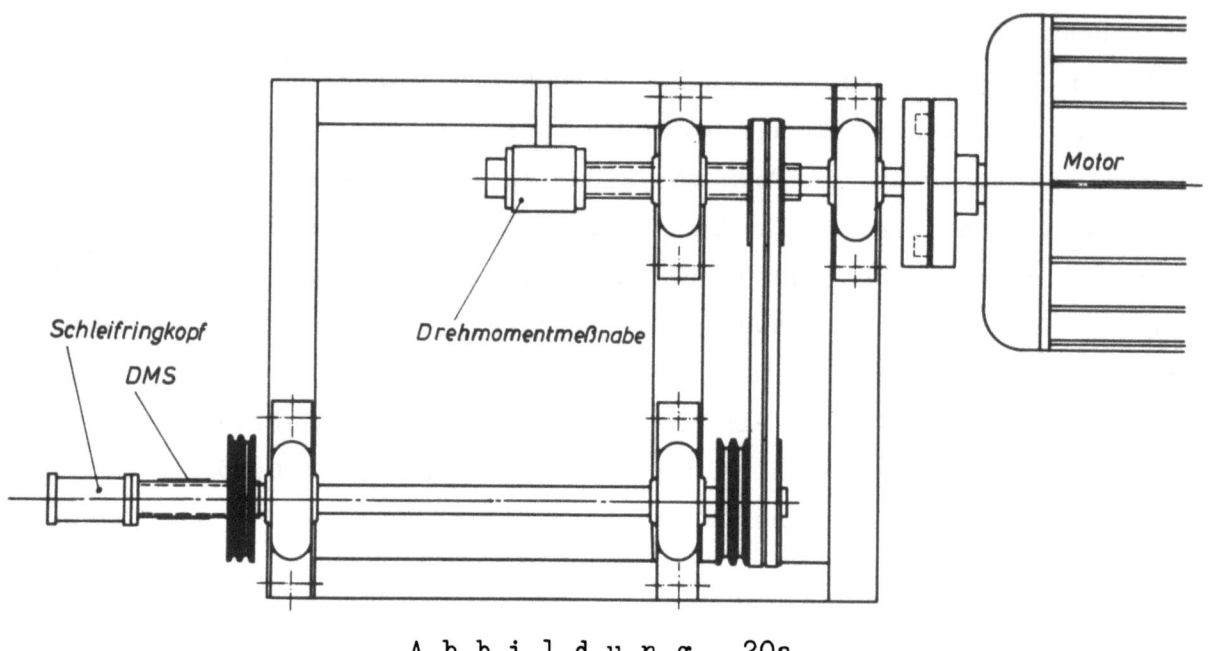

Abbildung 20a

Verbesserte Drehmomentmeßeinrichtung

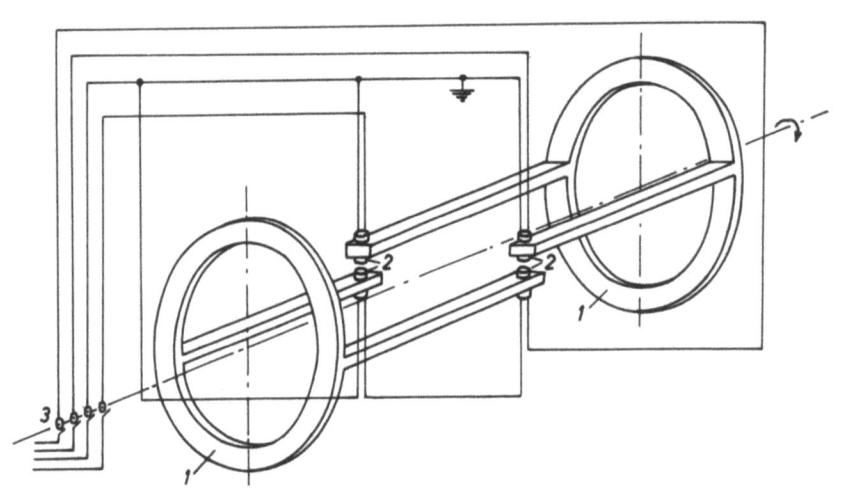

Abbildung 20b

Systemskizze der Drehmomentmeßnabe

1 Zwei, sich infolge Torsion gegeneinander verdrehende Ebenen
2 Meßspulen als Differentialaufnehmer
3 Schleifringe

Um genauere Angaben über den Kraftbedarf zu machen, als es mit Hilfe von registrierten Kurven in Form eines Mittel- und Höchstwertes möglich ist, wurden die Drehmomentmessungen klassiert. Das heißt, die anfallenden Meßgrößen wurden in zehn Klassen aufgeteilt und die Häufigkeit, mit der die Meßwerte in den einzelnen Klassen anfielen, gezählt. Mit anderen

Worten, es wurde festgestellt, wie die Einzelwerte nach der Häufigkeit ihres Vorkommens über die Meßwertskala verteilt sind [28].

Nach Meßwertklassen statt nach direkten Meßwerten muß deshalb gezählt werden, weil bei beliebig verfeinerter Meßzahl schließlich auch im dichtest besetzten Bereich kaum ein Meßwert noch mehrfach vorkäme. Eine Häufigkeitsanalyse wäre dann aber nicht mehr möglich. Der besondere Vorteil einer Häufigkeitsanalyse liegt darin, daß man ohne Kenntnis der Kausalzusammenhänge die sich durch verschiedene Einflußgrößen ausbildende Kollektive erkennen kann und damit in der Lage ist, die für den Betrieb interessierenden Werte zu ermitteln. Unter Kollektiv versteht man in der Großzahlforschung die unter ähnlichen Bedingungen aus vielen Einzelteilen entstandenen Gruppen. Charakteristisch für ein Kollektiv ist einmal die am häufigsten vorkommende Klasse von Eigenschaftswerten (Normalwert), zum anderen die Grenze innerhalb derer ein gewählter Prozentsatz (z.B. 90 % oder T 90-Spanne) aller gemessenen Werte symmetrisch zum Normalwert liegt.

Durch die Möglichkeit eine irgendwie geartete Häufigkeitsverteilung jeweils in Einzelkollektive aufzulösen (s.Tafel 15) ist man in der Lage, Einflußgrößen zu erkennen, und damit festzustellen, wie sich eine Änderung der Betriebsfaktoren auswirkt. Das heißt für den untersuchten Kraftbedarf, wie sich Frequenz, Unwuchtgröße und Auflastplattenzahl auf das Drehmoment auswirken (Tafel 11 bis 14).

Nachdem für drei Unwuchtgrößen, drei Frequenzen und 0 bis 4 Auflastplatten das geschilderte Verfahren durch manuelle Auswertung der Meßergebnisse (31 000 Meßwerte) durchgeführt war, sich jedoch nachträglich an der Meßwelle die bereits beschriebenen Fehler bemerkbar machten, mußten die gesamten Versuchsreihen noch einmal durchgeführt werden. Für die Wiederholungs-Messungen stand dann ein Klassiergerät der Firma Dr.Masing & Co. zur Verfügung, so daß, nachdem die neue Meßwelle einwandfrei arbeitete, auch von der Auswertung her keine Fehler mehr zu befürchten waren.

Das Klassiergerät besteht aus einer Reihe Thyratrons, deren Gitter an einer gleichmäßig abgestuften, einstellbaren negativen Vorspannung liegen. Eine besondere Einrichtung entnimmt dem Meßspannungsverlauf in regelmäßigen Abständen Stichproben (bis zu 25/s) und führt sie der Thyratronschaltung zu. Alle Thyratrons, deren Vorspannung durch die Meßspannung ins Positive überschritten wird, zünden. Jedem Thyratron ist ein

Zählwerk beigeschaltet, das die Häufigkeiten der Zündungen, d.h. die Häufigkeiten der Überschreitung der eingestellten Vorspannung, zählt. Nach Erreichen der in einer Vorwahlschaltung einzustellenden Anzahl von Meßwerten, die gezählt werden sollen, schaltet das Gerät selbsttätig ab. Bei richtiger Wahl der Vorspannung werden alle 10 Stufen (Klassen) angesprochen, und man kann das Ergebnis der Zählung in Form einer Summenhäufigkeit in den zehn Zählwerken ablesen.

9.7 der Schlagkraft

Zur Ermittlung der Schlagkraft stehen zwei Möglichkeiten zur Verfügung, einmal am Rüttelgerät selbst oder aber indirekt im Boden durch Einbau von Druckmeßdosen. Beide Verfahren haben Nachteile. Will man am Gerät messen, so muß man eine zweite Bodenplatte unter die eigentliche Rüttelplatte setzen, die durch Meßelemente gegenüber der Rüttelplatte abgestützt ist. Durch diese zweite Platte wird jedoch das Eigengewicht des Rüttlers oft nicht unerheblich verändert.

Verwendet man Bodendruckmeßdosen, so kann man nur für die relativ kurze Zeitdauer des Überfahrens den Druckverlauf festhalten. Außerdem tritt wegen der Unmöglichkeit, die Dosen direkt an der Oberfläche einzubauen, hierbei eine gewisse Verfälschung ein, und zwar durch die druckverteilende Wirkung des zwischen Druckdose und Rüttler liegenden Bodens.

Vom Verfasser wurden einige Male gleichzeitig beide Methoden benutzt, um einen Vergleich anstellen zu können.

Zur unmittelbaren Schlagkraftmessung wurde der Rüttler durch drei, als Balken auf zwei Stützen ausgebildete Meßelemente auf der Bodenplatte abgestützt. Durch die gewählte Dreipunktabstützung ist eine übersichtliche Erfassung der Kräfte gewährleistet. Zur Überprüfung der Meßeinrichtung wurde zunächst jedes Meßelement einzeln über Trägerfrequenzverstärker am Schreiber angeschlossen. Wie Abbildung 21 zeigt, liegen die auftretenden Kräfte alle in der gleichen Größenordnung, die Häufigkeit der Kraftstöße ist jedoch bei den Meßelementen verschieden. Die Anhäufung der Kräfte bei den Meßelementen 2 und 3 rührt von den bereits bei den Verdichtungsversuchen visuell wahrgenommenen einseitigen Schlägen (in Querrichtung Außermittigkeit der Unwuchtmassen) des Rüttlers her.

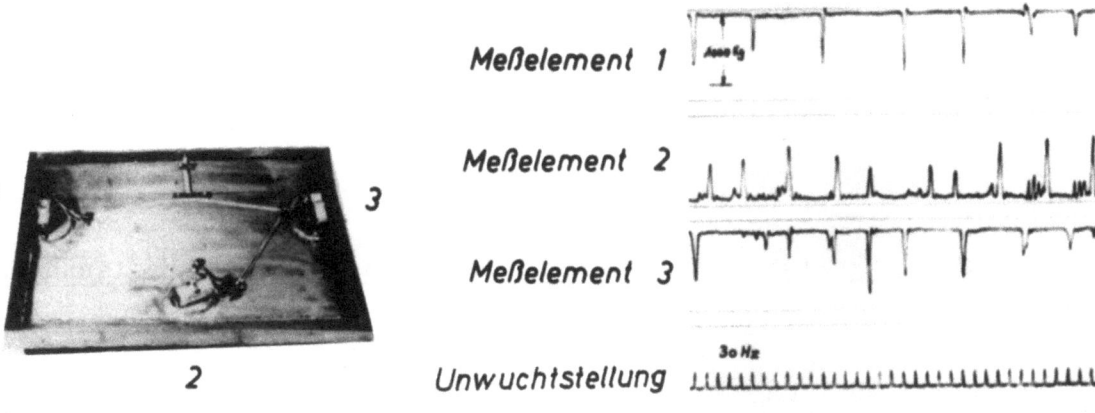

Grundplatte mit Meßelementen

registrierte Schlagkräfte

Abbildung 21

Bodenplatte mit registrierten Schlagkräften

9.8 des Bodendruckes

Die Bodendruckmessungen wurden mit Meßdosen, die ebenfalls am Institut entwickelt worden sind, durchgeführt (Abb.22). Über einer Membrane, die mit Dehnungsmeßstreifen beklebt ist, befindet sich ein flacher mit Öl gefüllter Raum, der nach oben durch eine kräftige Kunststoffolie abgeschlossen ist. Der erzeugte Bodendruck teilt sich dem Ölkissen mit und wird an der Membrane weitergegeben. Die Durchbiegung ist direkt proportional der Last und die Widerstandsänderung des Dehnungsmeßstreifens durch die Dehnung kann als Maß für die aufgebrachte Last verwendet werden. Bei einer zweiten Druckdosenart wird die Durchbiegung der Membrane

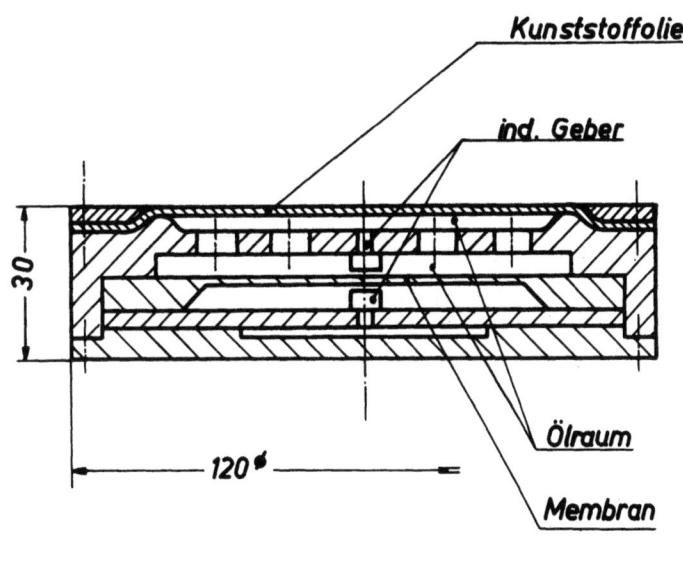

Abbildung 22

Bodendruckmeßdose

durch Spulen gemessen. Die Lageänderung der Membrane bei Belastung zwischen zwei Spulen verursacht eine entgegengesetzte Änderung der Induktivität der beiden Spulen, deren Größe wiederum proportional der Durchbiegung ist.

10. Einfluß der Variablen des Rüttlers auf das Arbeitsverhalten hinsichtlich

10.1 der Beschleunigung

Die gemessenen Beschleunigungen auf Schotter und Kiessand sind in den Tafeln 5 und 6 (S.87 u. 88) zusammengestellt. In allen Fällen zeigt sich daß mit zunehmender Auflastplattenzahl die auftretende Beschleunigung bzw. Verzögerung geringer wird. Bei gleichbleibender Wechselkraftgröße (P_o) wird bei steigender Auflastplattenzahl der Einfluß der Trägheitskraft größer. Das bewirkt ein Kleinerwerden der Sprunghöhen und damit werden auch, wegen der damit verbundenen geringeren Geschwindigkeiten, die auftretenden Beschleunigungen kleiner.

Die nicht ständige Zunahme der Beschleunigung über 60 Hz hinaus bei 1/3 und 2/3 U (Tafel 5) ist auf die später erläuterten kurzen Auftreffzeiten zurückzuführen. Der Abfall der Beschleunigung macht sich bei großer Auflast eher bemerkbar als bei kleiner, und zwar weil wiederum der Einfluß der Trägheitskraft (bei gleichbleibender Erregerkraft) mit steigender Plattenzahl größer wird und die Auswirkungen des elastischen Verhaltens des Bodens stärker dämpft.

10.2 der Auftreffgeschwindigkeit

Die mittlere Auftreffgeschwindigkeit v_m als meßbare Größe für Impuls und abzugebende Energie ist für einen großen γ-Bereich ($\gamma = G/P_o$) gemessen und in Tafel 7 (S. 88) aufgetragen worden (die maximalen Geschwindigkeiten sind etwa doppelt so groß wie v_m und treten <u>nach</u> besonders großen Impulsen auf). Es zeigt sich, daß die Auftreffgeschwindigkeit mit kleiner werdendem γ stetig ansteigt. Ein stetiger Verlauf ergibt sich deshalb, weil die Bereiche, in denen die Geschwindigkeit auf 0 absinkt, derartig eng sind, daß sich diese durch Messungen wahrscheinlich nicht feststellen lassen.

Da Energie und Impuls mit

$$E = \frac{m \cdot v^2}{2} \quad \text{und} \quad I = m \cdot v_m$$

bekannt sind, hätten sich die besten Verdichtungsergebnisse unter der Voraussetzung, daß E und I entscheidend sind, bei den großen Geschwindigkeiten einstellen müssen; d.h. im Bereich der kleinen γ-Werte. Da $\gamma = G/P_o$ ist, muß P_o groß werden, wenn γ klein werden soll. Eine große Erregerkraft wird am einfachsten durch eine große Frequenz ($P_o = m \cdot e \cdot \omega^2$) erreicht, so daß also für gute Verdichtungserfolge hohe Frequenzen erforderlich wären.

Die Verdichtungsergebnisse, die auf Tafel 9 (S.91) in Abhängigkeit von der Auftreffgeschwindigkeit aufgetragen sind, zeigen jedoch, daß nicht die größten gemessenen Geschwindigkeiten mit den besten Verdichtungsergebnissen zusammenfielen, sondern daß diese sich bei einer Auftreffgeschwindigkeit von 0,15 bis 0,40 m/s einstellten.

10.3 des Sprungweges

Die Sprunghöhe ist stark abhängig von der Unwuchtgröße und der Auflast. Sie beträgt

        bei 1/3 U etwa 2,0 bis 5,5 mm

        bei 2/3 U etwa 4,5 bis 9,0 mm und

        bei 1/1 U etwa 5,0 bis 11,0 mm.

Eine Verdopplung des Rüttlergewichtes bewirkt eine Verkleinerung der Sprunghöhe auf 2/3 der ursprünglichen Größe.

Der Einfluß der Frequenz zeigte sich bei den durchgeführten Messungen als unbedeutend.

Eine klare Trennung der Einflußgrößen der Rüttlerdaten bzw. des Bodens auf das Sprungverhalten war leider nicht möglich, da der Boden bei jedem Verdichtungsübergang seine Eigenschaften änderte und damit ein Einfluß auf das Sprungverhalten bei allen Versuchen unterschiedlich groß war.

10.4 der Schlaghäufigkeit

Da sich schon bei den ersten Versuchen gezeigt hatte, daß die Schlag- oder Auftrefffrequenz nicht gleich der Erregerfrequenz sein muß, wurde diese Erscheinung besonders untersucht. Neben der Aufzeichnung des Sprungweges wurde auch die Bodenkontaktmessung zur Kontrolle der Schlaghäufigkeiten (Auftrefffrequenz) herangezogen. In Tabelle 4 (S.81) sind die gemessenen Auftrefffrequenzen den Erregerfrequenzen gegenübergestellt. Nur bei 25 bzw. bei 60 Hz ist verschiedentlich eine Übereinstimmung vorhanden.

Ein Einfluß des Rüttlergewichtes ist bei diesen Untersuchungen nicht zu erkennen gewesen, während die Größe der Unwucht sich so auswirkte, daß mit kleinerer Unwucht der Unterschied zwischen Erreger- und Auftreffrequenz größer wurde. Die Veränderung der Schlaghäufigkeit ist in den Abbildungen 23 bis 26 aus den Aufzeichnungen der Schlagkraft zu ersehen.

10.5 der Impulsdauer

Die Einwirkzeit der gemessenen Schlagkräfte ist die Impulsdauer (Abb.22a). Sie ist, wie sich später zeigen wird, von ausschlaggebender Wichtigkeit für den Verdichtungsvorgang. In Tabelle 5 (S.81) sind die gemessenen Werte für die verschiedenen Frequenzen, Unwuchten und Auflasten zusammengestellt. Es sind Meßwerte, die auf bereits verdichtetem Kiessand ermittelt wurden. Die Auflast hat keinen nachweisbaren Einfluß auf die Impulsdauer, während mit steigender Unwuchtgröße die gemessenen Zeiten für die verschiedenen Frequenzen um etwa 20 % größer werden.

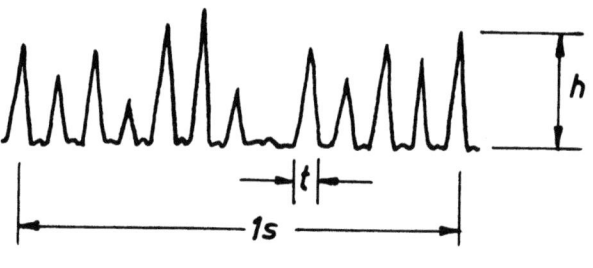

Abbildung 22a

Ermittlung der Impulsgröße

$t_i = t/2 \quad P = h \cdot Eichfaktor$

Eine Abhängigkeit der Impulsdauer von der Frequenz war zwar zu erwarten, jedoch nicht in der strengen Abhängigkeit, wie es sich zeigte. Aufgrund der gemessenen Werte konnte nämlich für verdichteten Boden die Formel

$$t_i = \frac{1}{5f}$$

t_i = Impulsdauer
f = Frequenz

zur Berechnung der Impulsdauer ermittelt werden.

Wie die Gegenüberstellung auf Tabelle 6 (S.82) zeigt, besteht eine sehr gute Übereinstimmung zwischen gemessenen und berechneten Zeiten.

Es ist zu beachten, daß bei der Auswertung der Meßstreifen zunächst die Gesamtdauer eines Kraftstoßes gemessen wurde, während die Einwirkdauer des Stoßes nur bis zum Erreichen des Maximums zählt. In erster Annäherung wurde deshalb die gemessene Gesamtzeit durch 2 dividiert. Bei evtl. späteren Untersuchungen könnte man diese Annahme kontrollieren, indem man den Kraftverlauf oszillographiert und photographiert und dann in der Lage ist, den <u>Kraftverlauf</u> und damit die Zeit bis zum Erreichen des Maximums genauer zu untersuchen.

10.6 des Drehmomentes

Ebenso wie bei der Schlagkraft hat die Veränderung des Eigengewichtes der Rüttelplatte auf die Größe des erforderlichen Drehmomentes keinen wesentlichen Einfluß. Der Energiebedarf steigt nach einer Exponentialfunktion mit der Erregerfrequenz an. Bei 30 Hz zeigt sich jeweils ein gegenüber dem normalen Anstieg erhöhter Bedarf. (Tafeln 11 bis 14 S.93-94.) Dieser erhöhte Bedarf deutet auf das Vorhandensein einer Resonanzfrequenz hin. Dies ist umso wahrscheinlicher, als die durch die Degebo für festgelagerten Kiessand ermittelte Resonanfrequenz dicht unterhalb von 30 Hz liegt. Da die durchgeführten Verdichtungsprüfungen (s.Tab.1,2 u.3) aber jeweils die besten Ergebnisse für die Arbeitsfrequenz von 40 Hz erbracht hatten, konnte ein in "Resonanzschwingen" bei der "Schlagrüttelverdichtung" nicht die Bedeutung haben, die ihr bei der "Schwingungsverdichtung" zukommt.

Die Leistungsaufnahme ist außerdem von der Größe der Unwucht abhängig. Bei einer Vergrößerung der Unwucht von 7,8 kg auf 18,9 kg erhöht sich der Leistungsbedarf um annähernd das Doppelte.

Durch die Klassierung der Drehmomentmeßwerte war es möglich, neben der Ermittlung des Mittel- oder Zentralwertes, auch die Streuung (T 90 - Spanne) der erforderlichen Leistung zu messen (Beispiel: Tafel 15). Sie liegt im Mittel bei $\pm$ 27 % des Zentralwertes. Als kleinster Streuwert wurde 18,5 %, als größter 32 % gemessen. Bis auf wenige Ausnahmen ergeben die Meßwerte jeweils etwa zwei gleichwertige Kollektive. Mit steigender Frequenz bildet sich jedoch bei allen Unwuchtverhältnissen ein stärkeres Hauptkollektiv heraus. Bei 1/3 U ergab die Summenhäufigkeit aller anfallenden Meßwerte für 40 und 50 Hz eine GAUSSsche Verteilung. Damit bestand für diese Verhältnisse ein einziges Kollektiv, was beweist, daß bei den hohen Frequenzen der Bewegungsablauf der Rüttelplatte ruhiger und damit der Leistungsbedarf gleichmäßiger wird.

10.7 der Schlagkraft

Die Größe der Schlagkräfte wird durch die Veränderung des Eigengewichtes nicht wesentlich beeinflußt. Unwucht und Frequenz sind dagegen von ausschlaggebender Bedeutung. Die in Tabelle 7 (S.83) zusammengestellten Meßwerte zeigen, daß man zwischen Einzelschlagkräften und den Schlagkräften pro Zeiteinheit unterscheiden muß.

Während sich nämlich für die Schlagkraft/s der Größtwert bei 60 Hz ergibt, liegt der Größtwert der mittleren Schlagkraft bei 40 Hz.

Diese Tatsache ist im Hinblick auf die Verdichtung von besonderer Bedeutung, und zwar weil man zunächst annehmen könnte, die größte Kraft pro Zeiteinheit müßte die besten Verdichtungsergebnisse liefern, d.h. also, daß die besten Verdichtungsergebnisse bei 60 Hz liegen müßten.

11. Einfluß des Bodens auf das Verhalten des Rüttlers hinsichtlich

11.1 des Sprungweges

Der Sprungweg des Rüttlers beim ersten Übergang über unverdichteten Kiessand ist bei genügend großem Vortrieb immer gleichmäßig. Der Boden besitzt beim 1. Übergang noch kein elastisches Verhalten, das sich auf den Rüttler auswirken könnte. Die Höhe der einzelnen Sprungwege wird lediglich, wie unter Abschnitt 10.3 beschrieben, von den Rüttlerdaten bestimmt. Durch die mit der Anzahl der Übergänge zunehmende Verdichtung wird der Einfluß des elastischen Verhaltens des Bodens immer größer. Beim Aufschlagen des Rüttlers tritt ein Zurückfedern des Gerätes ein, das dazu führt, daß die Höhe der Sprünge bis zum 3,5fachen des normalen Wertes ansteigen. Die größten Unterschiede in den Sprunghöhen ergeben sich bei 25 und 40 Hz, während sie bei 60 Hz relativ klein bleiben (1,5fach).

Einige Aufzeichnungen (S.55 bis 57) mögen die Veränderung des Sprungweges bei 1/3 U und 4 Lastplatten mit steigender Frequenz verdeutlichen. Während der Sprungweg bei 24 Hz (Abb.23) noch relativ gleichmäßig ist, wird der Sprungverlauf bei 40 Hz (Abb.24) wegen des größeren Rückimpulses sehr unregelmäßig und einzelne Sprünge erreichen die 3fache Höhe des normalen. Bei 50 Hz (Abb.25) treten zwar noch einzelne große Sprünge auf, aber der Verlauf ist schon wieder etwas ruhiger geworden.

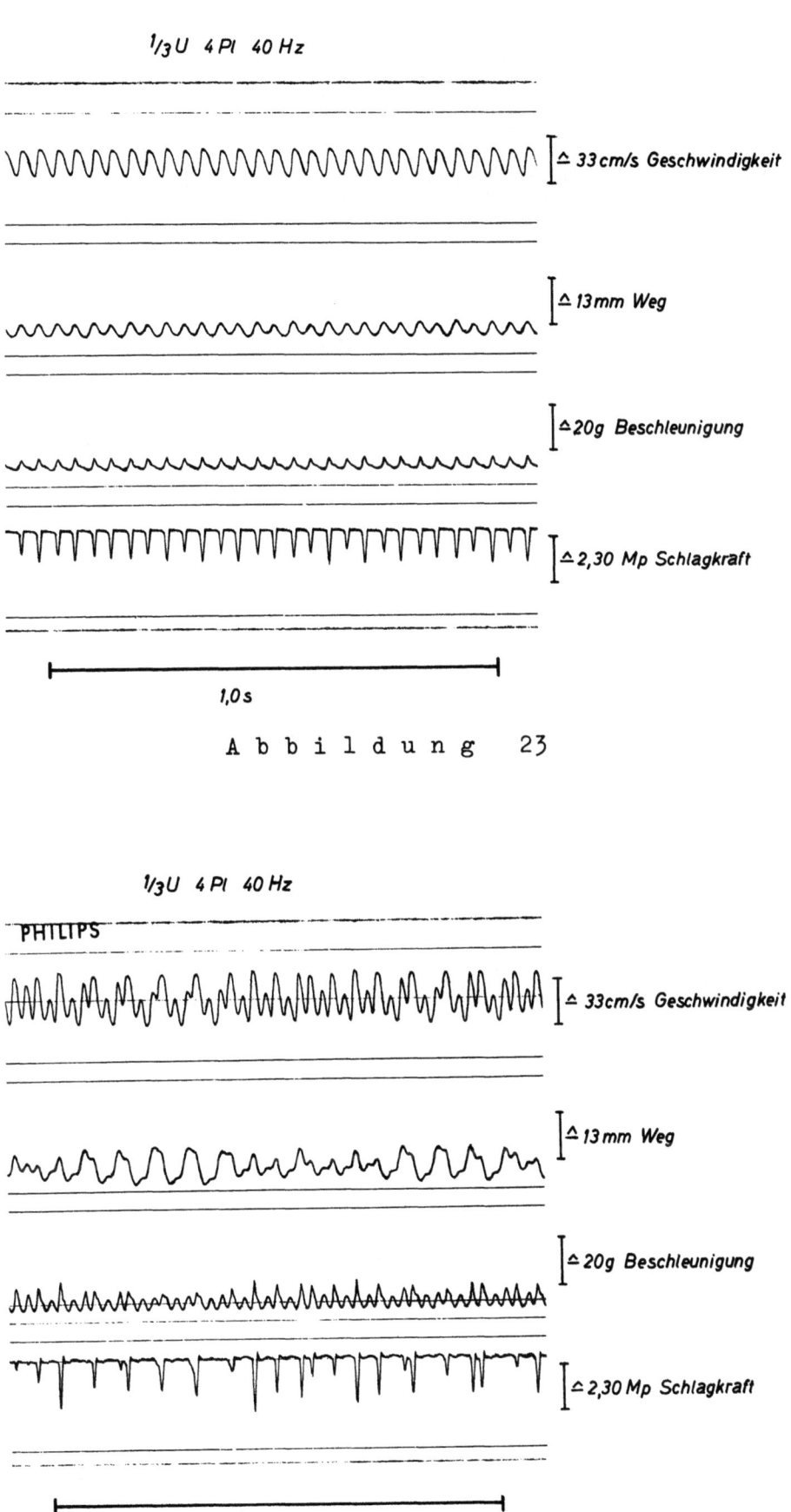

Abbildung 23

Abbildung 24

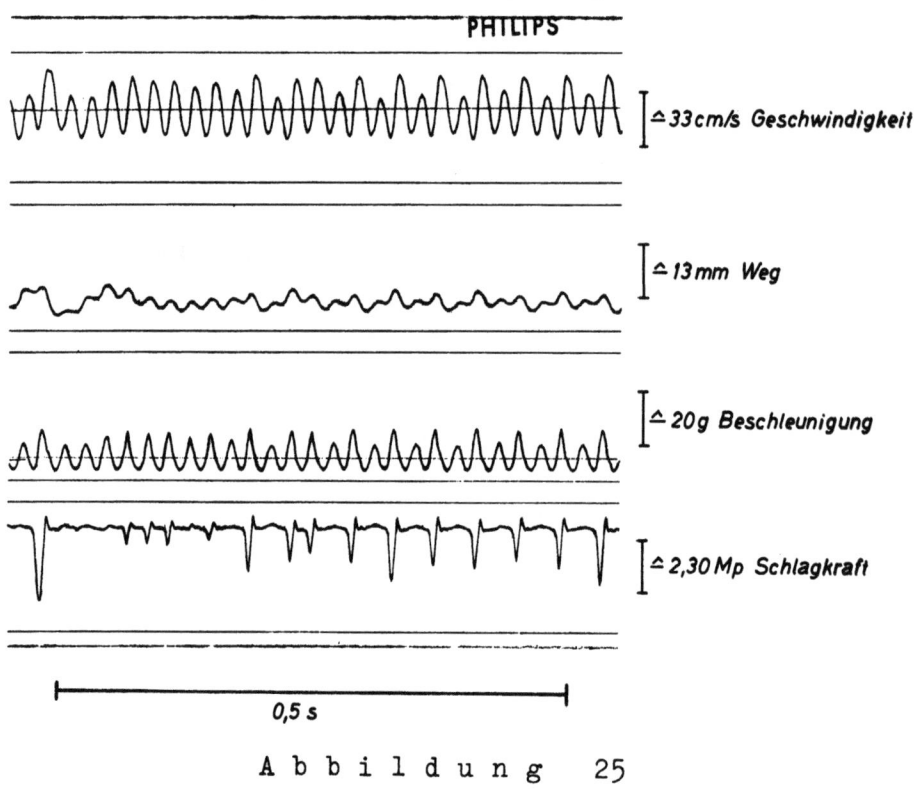

Abbildung 25

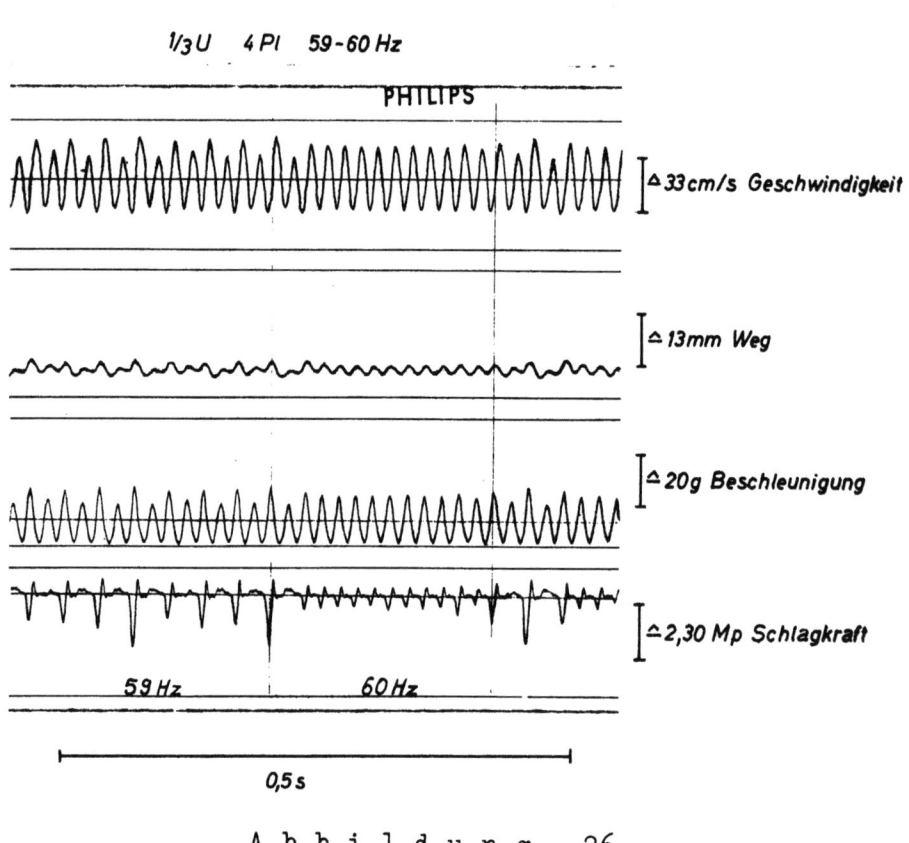

Abbildung 26

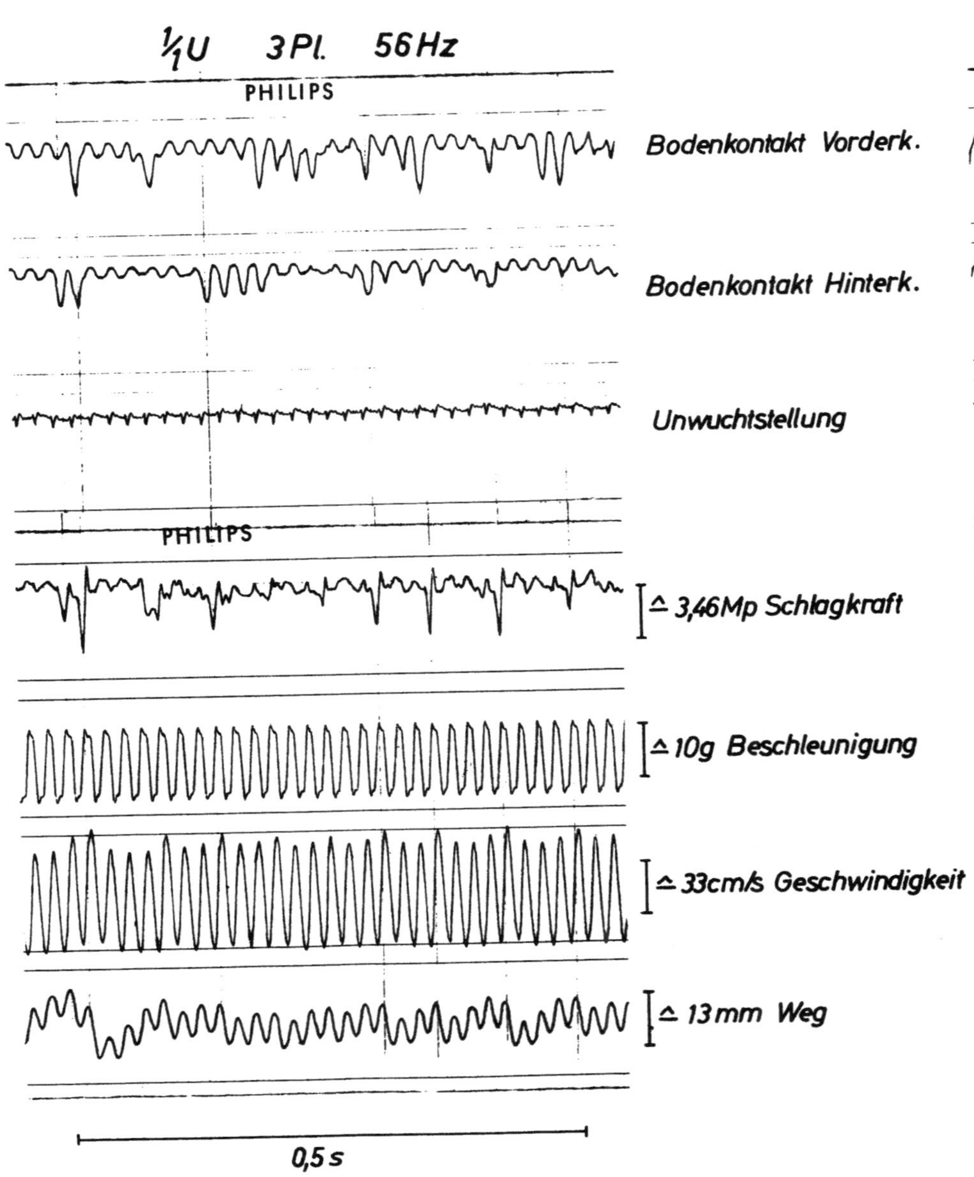

½U 3Pl. 59Hz

Bodenkontakt Vorderk.
Bodenkontakt Hinterk.
Unwuchtstellung
PHILIPS
≙ 3,46 Mp Schlagkraft
≙ 10g Beschleunigung
≙ 33cm/s Geschwindigkeit
≙ 13mm Weg

0,5s

Abbildung 28

½U 3Pl. 56Hz

PHILIPS
Bodenkontakt Vorderk.
Bodenkontakt Hinterk.
Unwuchtstellung
PHILIPS
≙ 3,46 Mp Schlagkraft
≙ 10g Beschleunigung
≙ 33cm/s Geschwindigkeit
≙ 13mm Weg

0,5s

Abbildung 27

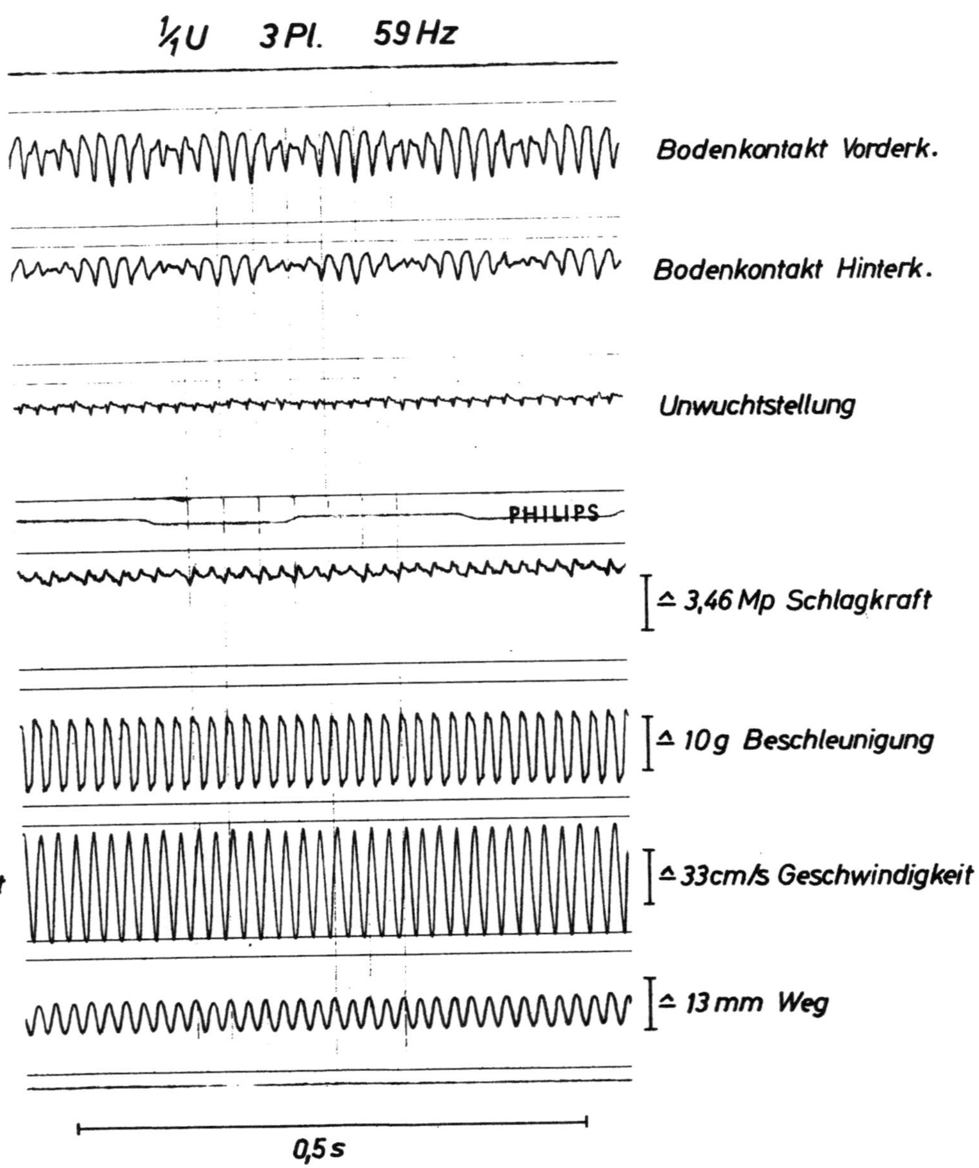

Abbildung 26 zeigt zweierlei. Einmal einen Sprungweg bei 59 Hz mit einer annähernden Symmetrie für je zwei Sprünge und zum anderen eine fast sinusförmige Wegkurve für 60 Hz.

Im Bereich von 59 bis 60 Hz muß also bei diesem Unwuchtverhältnis und dieser Auflast eine Einflußgröße besondere Bedeutung gewonnen haben.

Es ist die "Einwirkzeit" oder Impulsdauer der Kraftstöße, wie es unter Abschnitt 11.3 noch näher beschrieben wird.

Einen ähnlichen Vorgang zeigen die Abbildungen 27 und 28 (S.57). Bei diesem Versuch trat das "Ruhigerwerden" des Sprungverlaufs bereits zwischen 56 und 59 Hz auf. Also auch hier macht sich in diesem Frequenzbereich eine besondere Einflußgröße bemerkbar.

11.2 der Schlagkraft

Die Größe der Schlagkraft wird in erster Linie durch die Dichte des Bodens bestimmt. Sie wächst mit zunehmender Verdichtung dauernd an und erreicht bei der durch die Rüttlerdaten bestimmten Endverdichtung des Bodens eine maximale Größe.

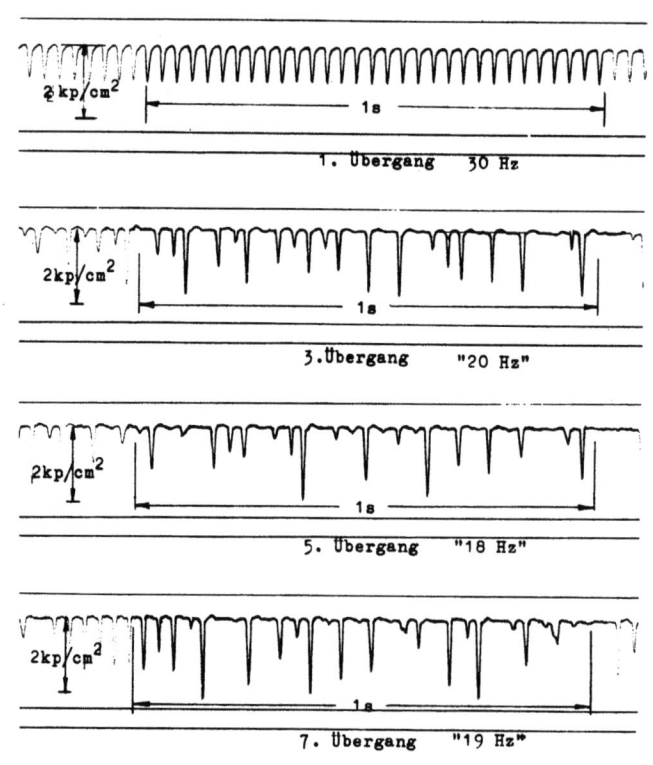

Abbildung 29

Registrierte Schlagkräfte bei zunehmender Bodendichte

Wie aus Abbildung 29 zu ersehen ist - es wurden die spezifischen Bodendrücke unter der Rüttelplatte bei 1/1 U und zwei Auflastplatten in 30 cm Tiefe aufgenommen - steigt die Größe der einzelnen Schlagkräfte bis zum 7. Übergang an. (Die Schlagdauer wird dabei zwar immer kürzer, so daß der Impuls/s kleiner wird, aber das soll bei den augenblicklichen Betrachtungen außer Acht bleiben.)

Versuche, die später am Institut für Baumaschinen in Aachen durchgeführt wurden, bei denen die Größe der Schlagkräfte in Abhängigkeit von der Anzahl der Übergänge festgestellt wurde, zeigen das gleiche Anwachsen der Kräfte bis zum 7. bzw. 8. Übergang (Tafel 8, S.90).

Die gleichzeitig gemessenen Bodendrücke ergaben ein ähnliches Bild, wenn auch der Größtwert bereits beim 6. Übergang erreicht war.

11.3 der Impulsdauer

Ebenso wie bei der Schlagkraft ist neben der Unwuchtgröße und der Frequenz vor allen Dingen die Zunahme der Verdichtung des Bodens für die Impulsdauer von Bedeutung. Während die Kraftstöße, wie unter Abschnitt 11.2 ausgeführt wurde, mit zunehmender Verdichtung größer werden, wird die Impulsdauer immer kleiner. Abbildung 29 (S.58) zeigt die Veränderung der Anzahl und Größe der dem Boden mitgeteilten Stöße in Abhängigkeit von der Zahl der Übergänge.

Der Druckverlauf wurde durch eine im unverdichteten Kiessand eingebettete Druckmeßdose in 30 cm Tiefe aufgenommen. Der 1. Übergang brachte zu jeder Unwuchtumdrehung (30 Hz) einen kräftigen Impuls (rel. große Kraft bei großer Einwirkzeit). Beim 3. Übergang stellte sich eine Auftreffrequenz von nur 20 Hz ein. Die Größe der Kraftstöße ist gewachsen, aber die Zeitdauer (Stoßzeit oder Einwirkzeit) ist kleiner geworden. Der 5. Übergang bringt ein weiteres Anwachsen der Kraftstöße, verbunden mit wiederum verkürzten Stoßzeiten.

$$I = \int Pdt$$

wird bis zum 5. oder 6. Übergang kleiner, um erst beim 7. Übergang wieder ein Anwachsen der Gesamtimpulses zu zeigen (Abb.30).

Infolge der beim 5. oder 6. Übergang erreichten Endverdichtung nimmt der Boden ein überwiegend elastisches Verhalten an und reflektiert die aufgebrachten Stöße fast vollständig, ohne daß die Energie des Rüttlers in einer meßbaren Größe an den Boden abgegeben werden könnte.

Seite 59

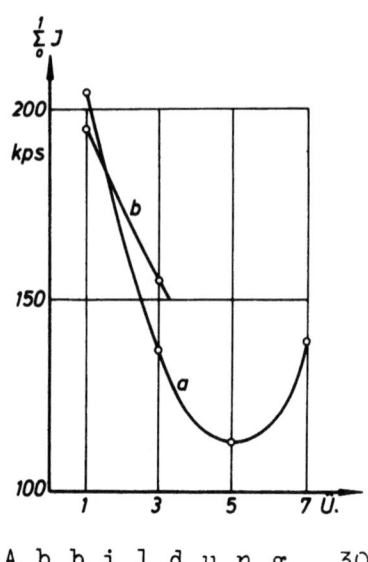

Abbildung 30

Gesamtimpuls in Abhängigkeit von der Anzahl der Übergänge
a) Ergebnisse mit 1/1 U; 2 Pl.; 30 Hz
b) Ergebnisse mit 1/1 U; 2 Pl.; 40 Hz

Untersuchungen über die Einwirkdauer des Stoßes eines Freifallstampfers, die A.H.ANOCHIN [29] durchführte, zeigten, daß diese abhängig ist vom Verdichtungsgrad und der Bodenart.

Sie beträgt für

	Sandboden	Tonboden
unverdichtet	0,016 s	0,023 s
verdichtet	0,008 s	0,011 s

Versuche, die am Institut für Baumschinen von G.DIMPFL durchgeführt wurden, ergaben eine Schlagdauer von 0,005 s für einen 3 t Freifallstampfer, der aus 1,5 m auf eine verdichtete Kiessandschicht fiel. Der Druckverlauf wurde durch eine Bodendruckmeßdose in 50 cm Tiefe aufgenommen und durch einen Schleifenoszillographen registriert. Abbildung 31 zeigt die Verzögerung der Stampfplatte beim Aufprall und darunter mit einer zeitlichen Verschiebung von 4/1000 s den Druckverlauf während des Schlagvorganges.

Da der Versuchsboden für die Untersuchungen von DIMPFL der gleiche war, der auch bei den Versuchen des Verfassers benutzt wurde, wird für die späteren Darlegungen die in Aachen gemessene Schlagdauer zugrunde gelegt. Vergleicht man die gemessenen Schlagzeiten des Plattenrüttlers (Tab.6, S.82) mit den beim freien Fall auftretenden, so sieht man, daß bei 40 Hz

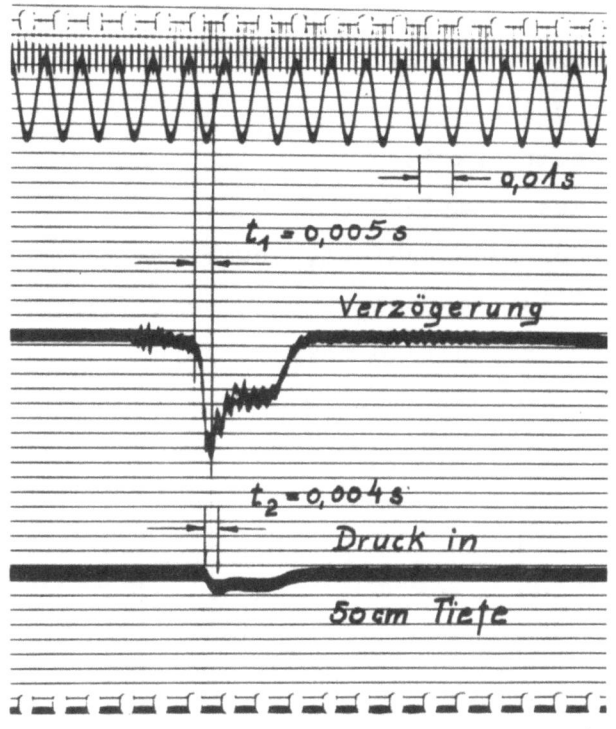

Abbildung 31

Registrierte Schlagdauer

eine gute Übereinstimmung vorhanden ist, d.h. also, daß gerade bei dieser Frequenz die "erzwungene" Schlagdauer mit der "freien" Schlagdauer übereinstimmt.

Da zur Umlagerung des Korngerüstes im Boden (Verdichten) neben einer Kraft auch eine gewisse Zeitdauer erforderlich ist, ist die Möglichkeit einer Verdichtung nur solange gegeben, wie die Einwirkzeit des Stoßes länger oder genau so lang ist, wie die zur Verformung notwendige Zeit. Wird also bei größer werdender Frequenz die Impulsdauer so kurz, daß sie diese Grenzzeit unterschreitet, so geht die Verdichtungswirkung trotz evtl. größerer Schlagkräfte zurück.

Stellt man für verschiedene Böden bei Veränderung des Wassergehaltes (nach N.Ja.CHARCHUTA [29] ist die Einwirkzeit des Stoßes neben der Dichte auch von dem Wassergehalt des Bodens abhängig) die mit zunehmender Verdichtung auftretenden Stoßzeiten fest, so ist man in der Lage, für nicht oder nur schwach bindige Böden die notwendigen Übergangszahlen oder Vortriebsgeschwindigkeiten auszurechnen. Es müssen jedoch von diesen Böden die von CHARCHUTA festgelegten Beziehungen zwischen dem spezifischen Stampfimpuls

$$J_{sp} = \frac{G \cdot \sqrt{2gh}}{F}$$

G = Eigengewicht des Stampfers
$\sqrt{2gh}$ = Auftreffgeschwindigkeit
F = Grundfläche des Stampfers

und der Grenzdicke der Bodenschicht, sowie die Beziehungen zwischen Schlagzahl und spezifischem Stampfimpuls beim Verdichten einer optimalen (70 % der Grenzdicke) Bodendicke bekannt sein.

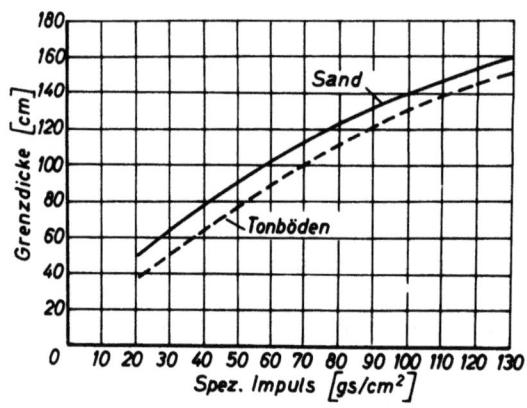

A b b i l d u n g   32

Abhängigkeit zwischen dem spezifischen Stampfimpuls und der Grenzdicke der Bodenschicht

Die Abbildungen 32 und 33 zeigen die für Sand- und Tonböden von dem russischen Forscher gefundenen Werte.

Unter Verwendung der von W.A. LEWIS [19] ermittelten Grenzwerte für die spezifische Schlagenergie bei den Untersuchungen von Freifallstampfern müßte es möglich sein, für die im Straßen- und Eisenbahnbau interessierten Bodenarten mit geringem Aufwand die bereits bekannten Werte zu vervollständigen. Die Ermittlung der Kennwerte für die verschiedenen Böden auf dem Umweg über die Freifallstampfer ist deshalb ratsam, weil hier die äußeren Gegebenheiten (Gewicht, Geschwindigkeit, Anzahl der Schläge) wesentlich leichter zu variieren und auch zu messen sind als bei Rüttelgeräten, bei denen ohne elektronische Meßeinrichtung keine aufschlußreichen Untersuchungen durchgeführt werden können.

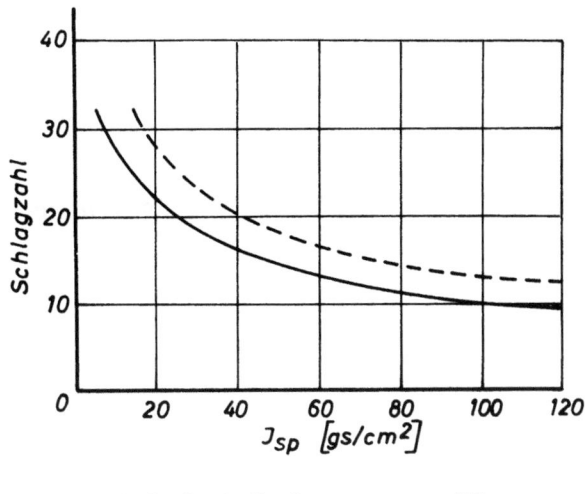

Abbildung 33

Abhängigkeit der Schlagzahl vom spezifischen Stampfimpuls bei der Verdichtung einer optimalen Bodendicke

11.4 des Drehmomentes

Um den Einfluß der Verdichtungszunahme des Bodens auf den Leistungsbedarf des Rüttlers zu messen, wurde ein besonderer Versuch mit 1/1 U, zwei Auflastplatten und 40 Hz durchgeführt (Abb.34). Neben dem Drehmoment wurde dabei gleichzeitig die Schlagkraft gemessen, um eine evtl. gegenseitige Abhängigkeit zu kontrollieren. Der erste Übergang erfolgte über eine unverdichtete Kiessandschicht und ergab bei einem erforderlichen Drehmoment von etwa 4,30 mkp (entsprechend 14,4 PS) relativ wenige sehr große Impulse (große Kraft und lange Zeitdauer). Beim dritten Übergang war das erforderliche Drehmoment um 20 % kleiner, die Kraftstöße sind etwa gleich groß geblieben aber häufiger geworden; sie ergeben aber über 1 s wegen der kürzeren Einwirkzeiten einen kleineren Gesamtimpuls als beim ersten Übergang.

Beim ersten Übergang ist also der Energiebedarf am größten und nimmt mit zunehmender Bodendichte ab. Aus dem Verlauf der Impulsgröße in Abhängigkeit von der Anzahl der Übergänge (Abb.30) kann man annehmen, daß die Energieabgabe bis zum Erreichen der Endverdichtung absinkt und dann wegen des wieder unruhigen Laufes des Rüttlers ansteigt.

12. Sonstige Beobachtungen

12.1 Bodenkontakt und Pendeln

Die Kontrolle des Bodenkontaktes sollte zunächst einmal die Bewegungsaufzeichnung, die durch Integration der Geschwindigkeit zustande kam, sichern. Die ersten Aufzeichnungen des Sprungweges waren nämlich unver-

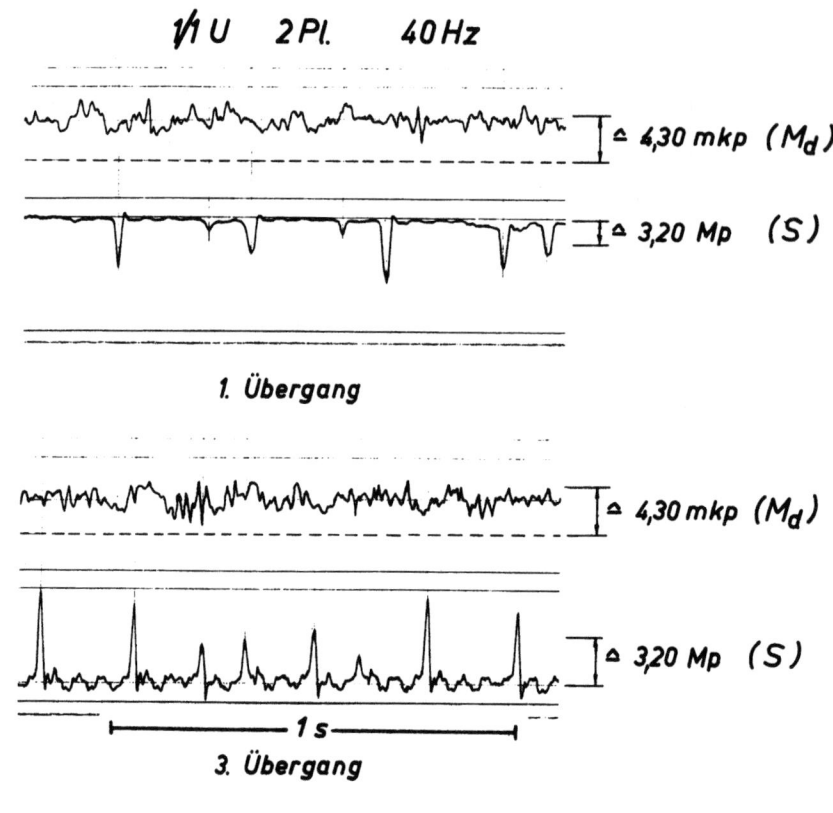

Abbildung 34

Drehmoment und Schlagkräfte

ständlich, da nicht damit gerechnet werden konnte, daß sich der Rüttler während mehrerer Unwuchtumdrehungen in der Luft befand. Nachdem jedoch die Bodenkontaktmessungen dieses Sprungverhalten bestätigten, konnte die elektronische Integration der Geschwindigkeit zur Aufzeichnung des Sprungweges als gesichert angesehen werden. Anschließend diente die Bodenkontaktkontrolle dazu, wie unter Abschnitt 9.4 beschrieben, die Kippbewegung der Rüttelplatte aufzuzeichnen.

Abbildung 35 zeigt für 2/3 U, vier Platten und 24 Hz eine Bodenkontaktmessung, bei der die gesamte Bodenfläche zur Kontaktgabe herangezogen wurde. Wie aus der Abbildung ersichtlich, stimmen die Zeiten der Auflage (Bodenkontakt) und die Dauer der registrierten Schlag- und Bodenkräfte gut überein.

Aus diesen Messungen war jedoch noch nichts über das Pendeln des Rüttlers zu ersehen. Erst die Kontrolle mit zwei Kontaktstreifen brachte, wie Abbildung 27 (S.57) zeigt, den Nachweis der Kippbewegung. Da die Amplitudengröße der aufgezeichneten Kurven ein Maß für die Berührungsintensität (Abfall des Übergangswiderstandes) zwischen Platte und Boden ist, kann man aus dem Verlauf erkennen, daß wechselweise die Platte mit der Vorder- oder Hinterkante aufschlägt.

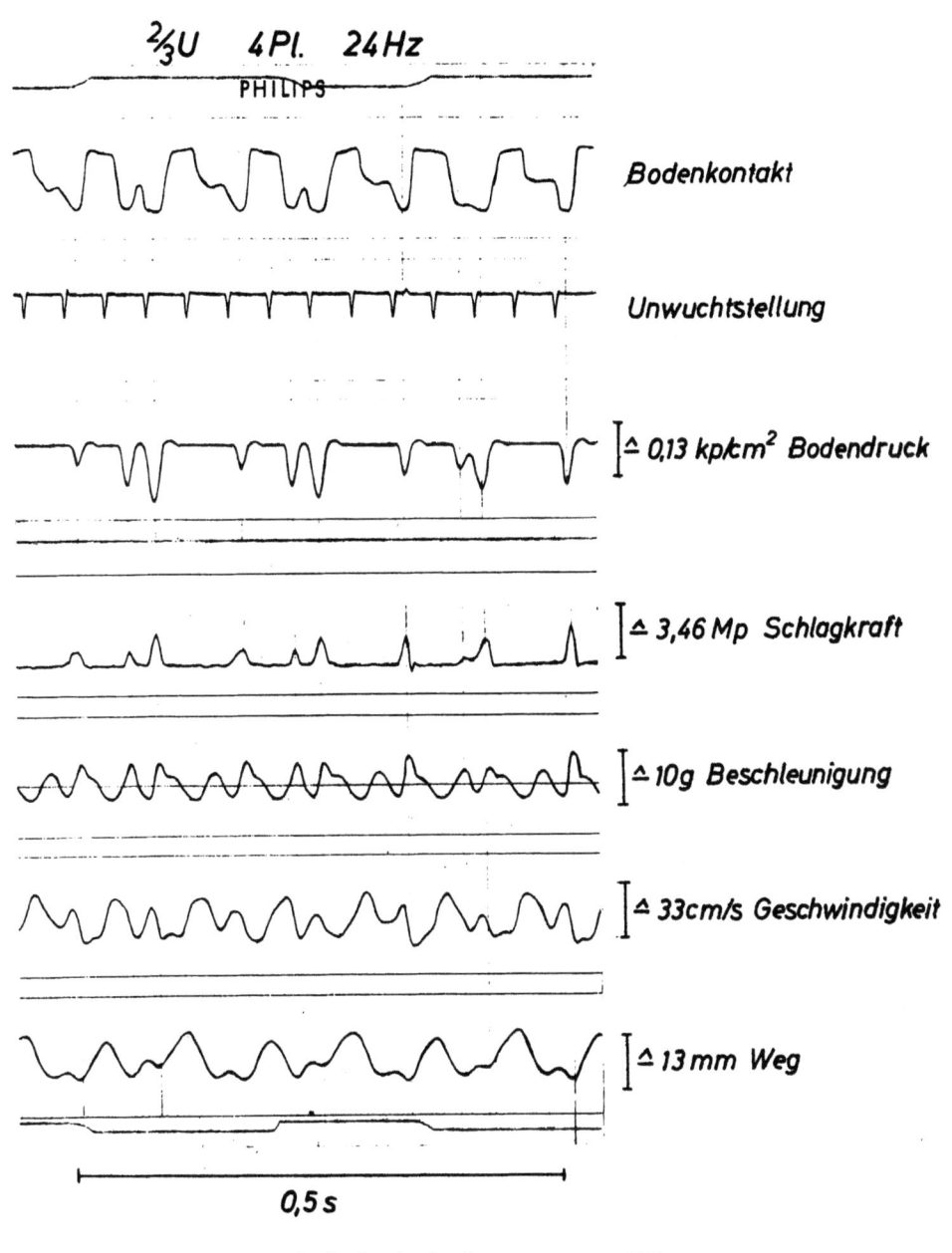

Abbildung 35

Damit fand auch die Vermutung über die Ursachen der unterschiedlichen Größe der Schlagkraft und des Bodendruckes ihre Bestätigung. Bei gleich großen abgegebenen Impulsen war wegen der verschieden großen Auflagefläche des Rüttlers (beim Aufschlagen auf eine Kante) der spezifische Impuls (ps/cm^2) unterschiedlich groß und mußte damit zu unterschiedlich großen Bodendrücken führen.

12.2 Bodendrücke

Ein Vergleich zwischen gemessenen Schlagkräften, umgerechnet auf spezifische Kräfte, und Bodendrücken (Abb.35 u.36) zeigt, im Gegensatz zu den Messungen mit statischer Auflast, daß beide fast übereinstimmen (Tab.5).

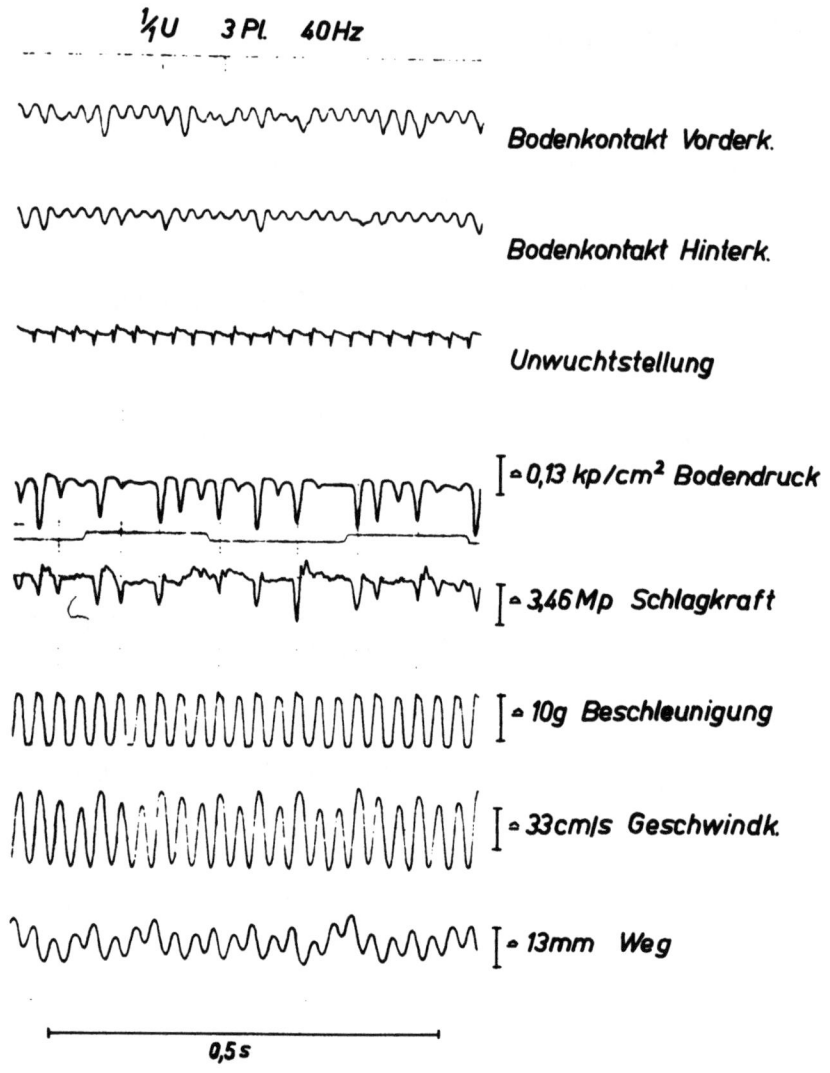

Abbildung 36

Da aber in 40 cm Tiefe die spezifische Schlagkraft in voller Höhe nicht mehr vorhanden sein kann, müssen die abgegebenen spezifischen Drücke größer sein als zunächst angenommen. Das ist aber nur dann möglich, wenn der Rüttler nicht mit der ganzen Bodenfläche, sondern nur mit einem Teil derselben aufschlägt und damit entsprechend große spezifische Schlagkräfte abgibt. Die Bodenkontaktkontrollen zeigten, daß der Rüttler in den meisten Fällen entweder mit der Vorder- oder Hinterkante aufschlägt. Errechnet man also die spezifische Schlagkraft unter der Annahme, daß die Bodenplatte immer nur zur Hälfte aufliegt, so wird sie doppelt so groß wie in Tabelle 5 (S.81) angegeben. Unter dieser Voraussetzung betragen die dynamischen Bodendrücke in 40 cm Tiefe aber immer noch 50 % der durch den Rüttler abgegebenen (die gleichen Ergebnisse zeigten die späteren Versuche am Institut für Baumaschinen und Baubetrieb). Vergleicht man dagegen die Bodendrücke, die bei statischen Auflasten ermittelt wurden (Abb.6), so erkennt man, daß eine statische Messung für dynamisch beanspruchte Konstruktionen (Straße und Eisenbahnoberbau) keine Meßgrößen liefert, die mit den in der Wirklichkeit auftretenden vergleichbar wären. Der Druckverteilungswinkel bei dynamischer Belastung beträgt, wie aus den Messungen des Bodendruckes hervorgeht, nur etwa 15°, dagegen bei statischer Belastung etwa 50 bis 75° (s.S.20).

Berücksichtigt man, daß das untersuchte Rüttelgerät trotz der geringen spezifischen Schlagkraft von 1,0 bis 2,0 kp/cm^2 (wenn man die gemessene Schlagkraft nur zur halben Bodenplattengröße in Beziehung setzt) noch eine gute Wirkung bis etwa zu einer Tiefe gleich der größten Kantenlänge des Rüttlers hatte, so erkennt man auch daraus, daß ein großer Druckverteilungswinkel bei dynamischer Belastung nicht möglich ist.

Die geringe Druckverteilung bei dynamischer Beanspruchung kommt durch die Abnahme der Scherspannungen auf den Bruchteil der normalen Größe zustande. (Da die Kohäsion bei nicht bindigen Böden eine untergeordnete Rolle spielt, ist vornehmlich die Scherspannung für das Zustandekommen eines Druckverteilungswinkels maßgebend.)

Würden die dynamischen spezifischen Bodendrücke nach der Tiefe so schnell abklingen wie bei statischer Auflast, so wäre eine ausreichende Verdichtung mit den auftretenden kleinen spezifischen Kraftstößen bereits in geringen Tiefen nicht mehr möglich.

Dieses schnelle Kleinerwerden der spezifischen Bodendrücke bei statischer Belastung durch den großen Druckverteilungswinkel ist die Ursache für die geringe Tiefenwirkung der statisch wirkenden Walzen. Trotz erheblicher Flächenpressungen bei diesen Walzen an der Oberfläche sind die Bodendrücke bereits in geringer Tiefe soweit abgebaut, daß der herrschende Druck nicht mehr in der Lage ist, die Bodenwiderstände zu überwinden und eine Verdichtung herbeizuführen.

12.3 Unwuchtstellung

Die Stellung der Unwucht zu jedem Augenblick des Sprunges der Rüttelplatte war insofern wichtig, als die "Phasenlage" der Unwuchtmassen evtl. Hinweise auf Resonanzerscheinungen hätte geben können. Es konnten jedoch bei der Auswertung der Meßergebnisse keine Beziehungen zwischen Unwuchtstellung und Schlagkraft festgestellt werden. Die Darstellung auf Tafel 10 (S.92) zeigt zwar ein Ansteigen der Schlagkraft mit kleiner werdendem "Phasenwinkel", aber wegen der starken Streuung der Meßpunkte kann man nicht von einer Abhängigkeit sprechen. Lediglich zwischen Schlagkraft und anschließender Sprunghöhe ist eine Abhängigkeit zu erkennen. Wie schon unter Abschnitt 11.1 angeführt, wird die Sprunghöhe durch den Rückimpuls des Bodens bestimmt. Je größer die Schlagkraft, umso größer der anschließende Sprung der Rüttelplatte.

13. Vergleichende Betrachtungen der verschiedenen Einflußgrößen

Von den vier von der Maschine her veränderlichen Einflußgrößen, Unwucht, Frequenz, Auflast und Vortrieb hat die Frequenz die größte Bedeutung. Eine Steigerung der Frequenz von 25 Hz auf 40 Hz bringt bei den Verdichtungsuntersuchungen in fast allen untersuchten Fällen eine wesentliche Verbesserung der Verdichtungsergebnisse. Eine weitere Steigerung auf 60 Hz bewirkt wieder eine Verschlechterung. Sowohl bei Kiessand als auch bei Schotter ist dieser Verlauf zu beobachten (Taf.2 u.3). Diese beiden, in ihrem Kornaufbau stark unterschiedlichen Materialien zeigen also das gleiche Verhalten bei Rüttelverdichtung, und zwar eine starke Abhängigkeit der "Verdichtungswilligkeit" von der Frequenz. Die günstigste liegt für beide Materialien bei etwa 40 Hz.

Die durch die Degebo bei den Schwingungsuntersuchungen festgestellten Resonanzfrequenzen für festgelagerten Kiessand von etwa 28 Hz ist für die Verdichtung durch Sprungrüttler ohne meßbaren Einfluß. Der Boden wird zwar auch bei der "Schlagrüttelverdichtung" in Schwingung versetzt, hat aber neben der Wirkung der stampfenden Schläge keinen feststellbaren Einfluß.

Lediglich beim Einrieseln des Füllsandes bei der Rüttelschotterherstellung ist der Einfluß des "Schwingens" von erheblicher Bedeutung. Nur durch die Aufhebung der Scherkräfte durch die auf die einzelnen Gesteinskörner aufgebrachten Beschleunigungen ist das "Herabrieseln" des Füllsandes möglich. Eine Resonanzfrequenz ist jedoch für diesen Vorgang nicht erforderlich.

Ebenfalls von großem Einfluß ist die Auflastplattenzahl, d.h. das Eigengewicht des Rüttlers.

Bei der günstigen Frequenz von 40 Hz wird die optimale Auflastplattenzahl mit größer werdender Unwucht ebenfalls groß, und zwar deshalb, weil mit größer werdendem Eigengewicht des Rüttlers die Erregerkraft wachsen muß, damit es zu einem normalen Arbeitsverhalten (ausreichend hohe Sprünge, genügend große Auftreffgeschwindigkeit und genügend lange Stoßzeiten) kommt. Eine große Erregerkraft ist zwar durch Erhöhung der Frequenz zu erreichen, aber dieser Weg scheidet wegen der zu kurz werdenden Einwirkzeiten der Kraftstöße aus. Die Veränderung des Eigengewichtes bedingt also zwangsläufig eine Veränderung der Unwuchtgröße, wenn man optimale Ergebnisse anstrebt.

Geht man davon aus, daß bei 2/3 U und 40 Hz die besten Verdichtungsergebnisse mit vier Platten, d.h. bei G = 465 kg erreicht werden, bei 1/3 U und 40 Hz jedoch bei G = 300 kg, so ergibt sich

im 1. Fall $\gamma_1 = \frac{G}{P_o} = \frac{465}{7250} = 0,064$,

im 2. Fall $\gamma_2 = \frac{G}{P_o} = \frac{300}{4220} = 0,071$.

Wollte man bei 1/1 U ein γ gleicher Größe erreichen, so müßte man die Auflastplatten auf etwa sieben erhöhen. Da jedoch bei den durchgeführten Versuchen diese Möglichkeit nicht bestand, kann nur vermutet werden, daß sich die besten Verdichtungsergebnisse mit 1/1 U bei einem Eigengewicht von etwa G = 600 kg ergeben hätten.

Der Einfluß der Vortriebsgeschwindigkeit wird dann groß, wenn bei kleinem P_o die Auflast groß wird. Mit anderen Worten, wenn γ groß wird. Die Sprunghöhen werden dann infolge der großen Trägheitskraft so klein, daß das Rüttelgerät die vorhandenen Unebenheiten des Bodens nicht mehr überspringen kann, sondern diese Erhebungen vor sich herschiebt und sich ein immer größer werdender Material"wulst" vor dem Rüttelgerät ausbildet, der schließlich eine weitere Verdichtung verhindert.

Durch Verringerung der Vortriebsgeschwindigkeit kann man diese Erscheinung zwar teilweise verhindern; die Horizontalbewegung wird dann nämlich pro Sprung kleiner und damit der mögliche Anstieg bei gleichbleibender Sprunghöhe größer.

Als den nur mittelbar variablen Größen kommt der Schlagkraft und in Verbindung mit der Zeit, dem Impuls ausschlaggebende Bedeutung zu.

Während die Summe der Schlagkräfte für 1 s mit steigender Frequenz größer wird (P_o und f wird größer), ist dies beim Einzelschlag jedoch nur bis 40 Hz der Fall (Tab.7). Bei 60 Hz ist der einzelne Kraftstoß bereits wieder kleiner. Dies kommt dadurch zustande, daß der Richtungswechsel der Erregerkraftkomponente so schnell erfolgt, daß, noch während der Rüttler auf dem Boden aufliegt und Stoßenergie abgibt, die Richtung von P_o schon wieder nach oben gerichtet ist und den Rüttler wieder hochreißt. Das heißt, die Zeitdauer des Kraftstoßes wird verkürzt und damit auch die Größe beeinflußt.

Die große Bedeutung der Zeit beim Kraftstoß wird deutlich, wenn man die Summe der abgegebenen Impulse für 1 s aufträgt (Taf.16). Sehr ausgeprägt ist hier der starke Abfall der Impulsgröße bei 60 Hz, während das Maximum für fast alle untersuchten Verhältnisse bei 40 Hz liegt.

Aus der Darstellung bei 2/3 U ist zu erkennen, daß die Lage des Maximums von der bereits erreichten Verdichtung abhängig ist. Während die Ergebnisse der Untersuchungen auf unverdichtetem Boden die Höchstwerte schon unterhalb von 40 Hz erreichen, ergeben die Meßwerte bei verdichtetem Boden ein Maximum, das etwa bei 40 Hz liegt. Außer der Veränderung der optimalen Frequenz ändert sich jedoch auch noch die Größe der Schlagkraft. Sie nimmt, wie unter Abschnitt 11.2 ausgeführt, mit zunehmender Verdichtung stark zu.

Damit wird der große Einfluß einer sechsten Größe, nämlich der des Bodens, auf die auftretenden Kräfte deutlich.

14. Zusammenfassung und Folgerungen

Die durchgeführten Versuchsreihen zur Ermittlung optimaler Bedingungen beim Verdichten von Kiessand und Schotter durch einen Einmassenrüttler brachten folgende Erkenntnisse:

1. Beide Bodenarten sind - trotz ihrer großen bodenphysikalischen Unterschiede - für die Rüttelverdichtung gleichermaßen geeignet.
2. Die günstigste Rüttelfrequenz liegt für beide Bodenarten bei 40 Hz.
3. Eine Vergrößerung der Unwucht bedingt eine Erhöhung des Eigengewichtes oder umgekehrt.
4. Mit kleiner werdender Unwucht steigt die optimale Frequenz an.
5. Die Zunahme der Dichte in Abhängigkeit von der Anzahl der Übergänge klingt in der Tiefe schneller ab als an der Oberfläche.
6. Die Zunahme der Dichte ist nach drei Rüttelübergängen nur noch gering.

Neben diesen Ergebnissen, die durch Nachprüfung der erreichten Verdichtung gefunden wurden, sind die Erkenntnisse aus den Versuchen über das Arbeitsverhalten des Rüttlers bei unterschiedlichen Betriebsbedingungen von besonderer Bedeutung.

Durch elektronische Meßverfahren zur Ermittlung
  der Frequenz,
  der Beschleunigung,
  der Auftreffgeschwindigkeit,
  des Weges,

der Schlagkraft,
der Schlaghäufigkeit,
der Impulsdauer und
der Bodendrücke

war es möglich, die Haupteinflußgröße bei der Rüttelverdichtung zu finden.

Von ausschlaggebender Bedeutung ergab sich, nachdem sich bereits bei den Verdichtungsversuchen die Frequenz von 40 Hz herauskristallisiert hatte, die Einwirkzeit des Kraftstoßes oder die Impulsdauer.

Sie wird mit zunehmender Verdichtung kleiner und erreicht mit der Endverdichtung des zu verdichtenden Bodens einen Grenzwert. Dieser liegt bei dem vorhandenen Kiessandgemisch bei etwa 0,005 s.

Aus der Auswertung der Impulsdauer bei den verschiedenen Versuchsreihen ergibt sich eine vom Rüttler her mögliche Impulsdauer von

$$t_i = \frac{1}{5 f}$$

Wird durch eine Vergrößerung von f diese Zeit t_i kleiner als die Grenzeinwirkzeit des Bodens, so ist eine weitere Verdichtung nicht mehr möglich.

Die Grenzeinwirkzeit des Bodens wird durch Stampfplattenversuche, bei der die Impulsdauer gemessen wird, gefunden. Zu beachten ist dabei, daß der spezifische Stampfimpuls etwa in der gleichen Größenordnung liegt wie er beim Rüttler auftritt. Durch die Kenntnis dieser beiden Größen ist man in der Lage, die erforderliche Übergangszahl eines Rüttelgerätes auszurechnen (s.S.72).

Die Untersuchungen ergaben außerdem, daß der Druckverteilungswinkel bei dynamischer Beanspruchung des Bodens bei etwa 15° liegt, während er bei statischer Belastung etwa 50 bis 75° beträgt. Damit sind die wesentlich größeren Tiefenwirkungen bei gleichen spezifischen Drücken und Kantenlängen der Kontaktflächen der Rüttelgeräte gegenüber den statisch wirkenden Verdichtungsgeräten erklärt.

Die Ergebnisse der Degebo mit Schwingungsverdichtern ($P_o < G$), die den Nachweis der Verdichtungswirkung des Schwingers in erster Linie auf ein Resonanzschwingen zwischen Boden und Schwinger erbrachten, wurden durch die Untersuchungen des Verfassers nicht bestätigt. Da jedoch im Versuchsaufbau und besonders in der Durchführung sehr große Unterschiede liegen, konnte eine Übereinstimmung auch nicht erwartet werden.

Der durch die Drehmomentmessungen gefundene erhöhte Kraftbedarf bei etwa 30 Hz deutet zwar auf das Vorhandensein einer Resonanz in diesem Bereich hin, wirkt sich jedoch, wie die Verdichtungsergebnisse zeigen, nicht aus.

15. Berechnung der erforderlichen Übergangszahl

Das folgende Beispiel für die Berechnung der erforderlichen Zeit zur Verdichtung einer 60 cm hohen Kiessandschicht basiert auf den durch CHARCHUTA aufgestellten Beziehungen zwischen

a) dem spezifischen Stampfimpuls und Grenzdicke der Bodenschicht,
b) erforderlicher Schlagzahl und optimaler Schichtstärke sowie
c) den vom Verfasser ermittelten Auftreffgeschwindigkeiten und Stoßzeiten.

<u>Beispiel</u> (Zur Vereinfachung wird $g = 10 \text{ m/s}^2$ gesetzt)

Rüttler:	$G = 300$ kg; $m = 30$ kps^2/m
Frequenzbereich:	25 bis 50 Hz
Auftreffgeschwindigkeit:	0,20 bis 0,40 m/s
Stoßzeit:	$t_i = \dfrac{1}{5\,f}$
Boden:	Kiessand
Stoßzeit beim freien Fall: (6 Schläge)	0,018 bis 0,005 s

Bei einer Grenzdicke von 90 cm, der eine optimale Schichtstärke von 60 cm entspricht, beträgt der erforderliche spezifische Impuls 50 ps/cm^2 (Abb.33).

Die erforderliche Schlagzahl bei 50 ps/cm^2 ist 15. Das heißt, für jede Stelle des Bodens muß ein Gesamtimpuls von

$$I = 15 \cdot 50 \text{ ps/cm}^2 = 750 \text{ ps/cm}^2$$

aufgewendet werden.

Da die Grenzstoßzeit 0,005 s beträgt, ergibt sich als maximale Frequenz

$$f = \frac{1}{5 \cdot t_i} = \frac{1}{5 \cdot 0{,}005 \text{ s}} = 40 \text{ Hz}$$

Bei 40 Hz beträgt die mittlere Auftreffgeschwindigkeit

$$0{,}25 \text{ m/s} \quad (2/3 \text{ U}; \; 2 \text{ Pl.}) \quad (\text{Taf.8})$$

Der spezifische Impuls für den Rüttler beträgt:

$$I_{sp} = \frac{m \cdot v_m}{F} = \frac{30 \text{ kg} \cdot s^2 \cdot 0,25 \text{ m}}{m \cdot s \cdot 2000 \text{ cm}^2} = 0,0038 \text{ kg s/cm}^2 = 3,8 \text{ ps/cm}^2$$

Erforderliche Schlagzahl:

$$n_s = \frac{750 \text{ gs/cm}^2}{3,8 \text{ gs/cm}^2} = 198\,200$$

Bei einer Vortriebsgeschwindigkeit von 0,14 m/s, einer Plattenlänge von 0,33 m und einer Schlagfrequenz von 20 Hz ergibt sich für 1 s:

$$n_1 = \frac{0,33 \text{ m} \cdot s \cdot 20}{0,17 \text{ m} \cdot s} = 47$$

Dann ist die erforderliche Übergangszahl:

$$Ü_{erf} = \frac{200}{47} = \underline{4,3}$$

Damit liegt die günstigste Erregerfrequenz und die nötige Übergangszahl, bei gewählter Vortriebsgeschwindigkeit, fest.

Gottfried Kronenberger

Literaturverzeichnis

[1] BIRK, A.   Der Wegebau
3. und 4. Auf. T. 1, Leipzig und Wien:
Deuticke 1923, S. 165

[2] BECKER, M.   Der Straßen- und Eisenbahnbau in seinem
ganzen Umfange und mit besonderer Rücksicht auf die neuesten Constructionen
2. Aufl. Stuttgart: Mäcken 1858 (Handbuch
der Ingenieurwissenschaft Bd.3)

[3] HEYNE, W.   Der Erdbau in seiner Anwendung auf Eisenbahnen und Straßen
Wien: A. Hölder 1876, S. 296

[4] VOIGT, W.   Die Fortentwicklung der Straßenwalze
Verkehrstechnik. Bd. 14 (1933) H. 22,
S. 572/75

[5] HAAGE und PFLÜGER   Patentschrift Nr. 155 855

[6] JAKOB, A.   Die Entwicklung der Straßenfertiger
Die Straße Bd. 5 (1938) H. 18

[7] ROTHE, v.T.   Neuere Maschinen für den Straßenbau
Z.VDI Bd. 78 (1934), S. 1509

[8] GARBOTZ, G.   Baumaschinen und Baubetrieb
Bd. 1, 2.Aufl. München: Carl-Hanser-Verlag
1958, S. 162/73

[9] GARBOTZ, G.   Erfolge und Grenzen bei der Rüttelverdichtung von Boden, Schotter, Beton und
Schwarzbelägen
Der Straßenbau Bd. 49 (1958) H. 8, S.235/246

[10] HUNT, S.   Untersuchungen über das Verhalten einer
Vibrationswalze bei der Verdichtung eines
Sandbodens von verschiedenem Feuchtigkeitsgehalt
Road Research Laboratory. Arbeit Nr.
RN/684/AR Jan. 1946

[11] TOMLINSON   Versuche über die Leistungen von Schwingungswalzen
Central Laboratory, Southhall, Sept. 1948

[12] TANNER, J.S.   Untersuchungen der Leistung einer 2,5 t
Vibrationswalze für die Bodenverdichtung
Road Research Laboratory. Arbeit Nr.
RN/1309/IST März 1950

[13] PLANTEMA, G.   Einfluß von Frequenz und Marschgeschwindigkeit einiger Bodenverdichtungsgeräte
Straße und Autobahn Bd. 5 (1954) H. 8,
S. 273/75

[14] SCHAEFFER, H.   Überprüfung der Verdichtungsleistung eines Rüttelverdichters auf Kiestragschichten
Straße und Autobahn Bd. 9 (1958) H. 4, S. 145/48

[15] KRONENBERGER, G.   Ergebnisse der Untersuchungen mit Plattenrüttlern bei der Boden- und Schotterverdichtung
Der Straßenbau Bd. 49 (1958) H.11, S.366/70

[16] THEINER, J.   Untersuchungen der statischen Walzverdichtungsvorgänge mit Glattwalzen und Vergleiche mit dynamischen Verdichtungsgeräten
Dissertation TH Aachen 1957

[17] STRECK und SCHMIDBAUER   Bodenverdichtungsversuche mit Schwingungs- und Rüttelverdichtern
Straße und Autobahn Bd. 5 (1954) H. 12, S. 400/06

[18] GARBOTZ, G.   Die Rüttelverdichtung beim Einbau von Schotterunterbau
Straße und Autobahn Bd. 6 (1955) H. 10, S. 380/81

[19] LEWIS, W.A.   Ergebnisse von Bodenverdichtungsversuchen am Britischen Straßenbaulaboratorium
Der Bauingenieur Bd. 33 (1958) H. 12, S. 459/65

[19a] HERTWIG, A. G. FRÜH und H. LORENZ   Die Ermittlung der für das Bauwesen wichtigsten Eigenschaften des Bodens durch erzwungene Schwingungen
Berlin 1933: Verlag Julius Springer

[20] LORENZ, H.   X.Internationaler Straßenkongreß in Istanbul
Bielefeld: Kirschbaum-Verlag, H. 21, S.43/48

[21] RAMSPECK, A.   Bodenverfestigung durch Schwingungsrüttler
Bautechnik Bd. 15 (1937) H. 17, S.219/221

[22] BATHELT, U.   Das Arbeitsverhalten des Rüttelverdichters auf plastisch-elastischem Untergrund
Berlin: W.Ernst & Sohn 1956. Bautechnik Archiv H.12, S. 8

[23] HARTMANN   Boden-Rüttelverdichter
Diplom-Arbeit TH Hannover, Institut für Kolbenmaschinen 1958

[24] EPHREMIDIS, Ch.   Die mathematische Erfassung der Vorgänge bei der Rüttelverdichtung von Böden
VDI-Z. Bd. 101 (1959) H. 7, S. 277/80

[25] SCHAEFFER, H.   Versuche zur Bestimmung der Lagerungsdichte
                           von Eichsanden für die Sandersatzmethode
                           bei wechselnder Beschaffenheit und Tiefe
                           der Entnahmestelle
                           Straße und Autobahn Bd. 8 (1957) H. 8,
                           S. 285/87

[26] CHRISTOFFEL, H.   Baustellen- und Labormeßmethoden bei der
                           Rüttelverdichtung von Boden und Schotter
                           Straßen-Asphalt- und Tiefbautechnik Bd. 11,
                           (1958) H. 21, S. 688/692

[27] JÄGER, H.   Elektrische Messung von Bodenverdichtung
                           unter landwirtschaftlichen Fahrzeugen
                           Landtechnische Forschung (1957) H. 6

[27a] FRENKING, H.   Die Meßmethoden und ihre Schwierigkeiten
                           bei der Erfassung der Schwingungsvorgänge
                           an Rüttelgeräten und im Material
                           Baumaschine und Bautechnik Bd. 5 (1958)
                           H. 12, S. 405/410

[28] DAEVES, K.   Großzahlmethodik und Häufigkeitsanalyse
                           Weinheim Bergstr.: Verlag Chemie GmbH.
                           1958

[29] ANOCHIN, A.J.   Straßenbaumaschinen, Grundlagen der Theorie
                           und Berechnung
                           Berlin: Verlag Technik 1952, S. 257

Anhang

Tabellen und Tafeln

Tabelle 1

Versuchsergebnisse (Schotter)

U	Hz	Pl.	Δs [mm]	M_E [kg/cm²]	n [%]	Fs [%]	γs [t/m³]	v [m/sec]	Ü
1	2	3	4	5	6	7	8	9	10
Gesamtunwucht	30	1	-	-	-	-	-	0,14	5
		2	3,05	1150	18,0	25,3	2,45		
		3	2,12	1600	22,0	23,8	2,34		
		4	2,77	2670	24,6	19,6	2,23		
	40	1	-	-	-	-	-		
		2	2,50	1600	22,6	23,5	2,32		
		3	2,50	1720	23,0	22,0	2,31		
		4	3,32	2400	23,0	21,0	2,28		
Gesamtunwucht	50	3	2,03	3230				0,07	6
		3	2,21	3150	15,5	24,1	2,37		6+4*
		3	2,32	2530				0,14	6
		3	2,30	2850	14,1	24,6	2,42		6+4*
		3	2,79	2660				0,21	6
		3	2,43	2590	15,0	27,3	2,46		6+4*
2/3 Unwucht	25	1	2,75	2670	32,1	19,2	2,00	0,14	5
		2	4,55	1805	28,4	21,1	2,10		
		3	4,10	1980	24,0	24,0	2,23		
		4	5,79	1720	27,5	23,9	2,12		
	35	1	3,56	2820	28,7	21,6	2,09		
		2	3,60	4125	26,0	23,7	2,17		
		3	2,68	2330	21,1	27,0	2,31		
		4	2,35	2455	22,6	29,2	2,26		
	50	1	3,59	1930	36,3	17,7	1,89		
		2	2,50	4475	22,2	24,2	2,28		
		3	3,90	2225	21,2	26,2	2,30		
		4	3,21	2045	24,5	26,0	2,31		
2/3 Unwucht	50	2	3,06	2530	22,9	19,4	2,28	0,07	5
		2	2,92	2820	26,4	19,6	2,16	0,14	
		2	4,36	2250	28,4	20,5	2,11	0,21	

Pl. = Anzahl der Auflastplatten
Δs = bleibende Setzung
M_E = Elastizitätsmodul
n = Restporenvolumen
* = statische Übergänge
Fs = Füllsandanteil
γs = Raumgewicht des verdichteten Schotters
v = Vortriebsgeschwindigkeit
Ü = Anzahl der Übergänge

Tabelle 2

Versuchsergebnisse (Schotter)

U	Hz	Pl.	Δs	M_E	n	Fs	γs	v	Ü
			[mm]	[kg/cm²]	[%]	[%]	[t/m³]	[m/sec]	
1	2	3	4	5	6	7	8	9	10
1/3 Unwucht	25	1	4,34	2050	26,2	22,3	2,16	0,07	5
		2	3,89	2190	23,3	18,9	2,26		
		3	2,97	2365	23,0	22,1	2,22		
		4	3,47	2395	26,6	22,4	2,18		
	35	1	3,51	2120	22,9	24,7	2,29		
		2	2,62	2430	22,1	20,9	2,31		
		3	4,45	1612	16,4	30,2	2,44		
		4	3,08	2340	25,6	24,2	2,18		
	50	1	2,01	2710	18,4	26,8	2,39		
		2	1,64	2400	18,6	23,9	2,38		
		3	3,31	2205	21,4	23,2	2,31		
		4	4,65	1720	19,7	29,6	2,36		
1/3 Unwucht	25	1	6,60	1820	30,4	22,0	2,04	0,14	5
		2	6,70	1680	23,5	27,2	2,24		
		3	-	-	-	-	-		
		4	-	-	-	-	-		
	35	1	8,11	1450	30,1	24,8	2,05		
		2	9,63	1340	29,3	25,6	2,07		
		3	-	-	-	-	-		
		4	-	-	-	-	-		
	50	1	4,80	1910	29,7	21,0	2,07		
		2	5,64	1585	30,0	25,1	2,05		
		3	-	-	-	-	-		
		4	-	-	-	-	-		

Pl. = Anzahl der Auflastplatten
Δs = bleibende Setzung
M_E = Elastizitätsmodul
n = Restporenvolumen
* = statische Übergänge
Fs = Füllsandanteil
γs = Raumgewicht des verdichteten Schotters
v = Vortriebsgeschwindigkeit
Ü = Anzahl der Übergänge

Tabelle 3

Versuchsergebnisse (Kiessand)

U	Hz	Pl.	Δs [mm]	M_E [kg/cm^2]	γ_{tr} [t/m^3]	W [%]	γ'_{tr} [t/m^3]	Ü
1	2	3	4	5	6	7	8	9
1/1 Unwucht	25	0	2,81	1080	2,25	3,47	2,35	5
		2	2,67	1087	2,26	4,84	2,32	5
	40	0	2,45	1285	2,25	3,51	2,35	5
		2	2,11	1350	2,24	4,31	2,32	5
	60	0	4,02	960	2,22	3,66	2,32	5
		2	2,36	1285	2,27	4,11	2,35	5
2/3 Unwucht	25	0	1,46	1205	2,16	3,00	2,27	5
		2	2,12	1045	2,30	2,85	2,42	5
		4	1,63	1285	2,25	4,22	2,33	5
	40	0	1,48	1220	2,18	3,70	2,27	5
		2	1,77	1185	2,28	3,53	2,38	5
		4	1,07	1500	2,32	4,32	2,40	5
	60	0	2,24	1085	2,18	2,67	2,30	5
		2	1,82	1095	2,17	4,00	2,25	5
		4	1,12	1240	2,26	5,45	2,30	5
1/3 Unwucht	25	0	2,93	730	2,26	6,80	2,26	5
		2	3,00	760	2,22	5,40	2,24	5
		4	3,10	549	2,25	5,40	2,27	5
	40	0	1,66	1195	2,34	6,00	2,35	5
		2	1,07	1305	2,31	5,80	2,32	5
		4	1,90	1110	2,14	5,35	2,18	5
	60	0	1,89	1065	2,31	6,80	2,31	5
		2	2,06	1150	2,35	6,00	2,36	5
		4	1,65	1180	2,30	4,45	2,37	5

W_{opt} = 6,5 %

Pl. = Auflastplattenzahl
M_E = Elastizitätsmodul
Δs = bleibende Setzung
γ_{tr} = Trockenraumgewicht
W = Wassergehalt
v = Vortriebsgeschwindigkeit
Ü = Anzahl der Übergänge
γ'_{tr} = verbessertes Raumgewicht

Tabelle 4

Erreger- und Auftreff-Frequenzen

U	f_e	0 Pl.	1 Pl.	2 Pl.	3 Pl.	4 Pl.	Σf_a	f_a mittel
1/1	25	-	22	17	21	18	88	22
	40	-	21	18	26	20	85	21
	60	-	51	41	60	60	212	53
2/3	25	-	17	16	19	19	71	18
	40	-	13	20	21	20	74	18
	60	-	60	60	30	31	181	45
1/3	25	20	-	12	-	25	57	19
	40	12	-	19	-	19	50	17
	60	16	-	25	-	34	75	25

f_e = Erreger-Frequenz
f_a = Auftreff-Frequenz

Tabelle 5

Gleichzeitig gemessene Schlagkräfte und Bodendrücke

			Bodendruck		Schlagkraft	
U	Hz	Pl.	h_m [mm]	p_m [kp/cm^2]	S_m [Mp]	S_m/F [kp/cm^2]
2/3	25	4	7,40	0,93	1,42	0,645
2/3	25	3	5,80	0,75	1,63	0,740
1/1	40	3	5,90	0,73	1,80	0,820
1/1	58	4	4,00	0,50	-	-
1/1	60	1	5,00	0,65	1,70	0,770
1/1	60	2	5,00	0,60	1,70	0,770

p_m = mittlerer Bodendruck
S_m = mittlere Schlagkraft
S_m/F = spezifische Schlagkraft

h_m = mittlere Ausschlaghöhe des Direktschreibers

Tabelle 6

Gemessene Impulsdauer (in Sekunden)

U	Pl.	25 Hz	40 Hz	50 Hz	60 Hz
1/3	0	0,0110	0,0095	0,0077	0,0058
	2	0,0150	0,0100	0,0074	0,0062
	4	0,0115	0,0107	0,0080	0,0062
2/3	1	0,0150	0,0100	-	-
	2	0,0154	0,0097	-	0,0058
	3	0,0170	0,0093	-	0,0059
	4	0,0149	0,0096	-	0,0058
1/1	1	0,0136	0,0106	-	0,0059
	2	0,0156	0,0100	-	0,0098
	3	0,0152	0,0096	-	0,0075
	4	0,0200	0,0121	-	-
t_{mittel}		0,0150	0,0100	0,0077	0,0066
$t_m/2$		0,0075	0,0050	0,0038	0,0033

$t_i = \frac{1}{5f}$	0,0080	0,0050	0,0040	0,0033

t_i = errechnete Impulsdauer

Tabelle 7

Gemessene Schlagkräfte in Mp

U	Pl.	Einzelschlagkräfte			Gesamtschlagkraft/s		
		25 Hz	40 Hz	60 Hz	25 Hz	40 Hz	60 Hz
1/1	0	-	-	-	-	-	-
	1	1,50	2,18	2,70	30,8	60,0	144,0
	2	2,18	2,82	2,18	38,2	64,0	103,0
	3	1,72	2,26	1,03	38,2	67,2	62,0
	4	2,16	2,58	-	52,5	65,0	-
	ΣS				159,7	256,2	309,0
	ΣS_m				40,0	64,2	103,0
2/3	0	-	-	-	-	-	-
	1	1,70	2,86	1,0	33,2	53,6	60,0
	2	1,20	1,30	0,90	22,8	36,0	54,0
	3	1,95	2,45	1,96	38,4	63,5	76,8
	4	1,83	2,49	2,15	36,5	62,4	84,0
	ΣS				130,9	215,5	274,8
	ΣS_m				32,7	53,8	68,7
1/3	0	1,48	2,25	2,20	32,5	28,0	35,4
	1	-	-	-	-	-	-
	2	0,96	1,59	1,37	22,8	29,6	34,8
	3	-	-	-	-	-	-
	4	1,43	1,80	1,68	35,8	34,4	57,0
	ΣS				90,1	92,0	127,2
	ΣS_m				30,0	30,7	42,3

Tafel 1

Proctorkurve für Kiessand

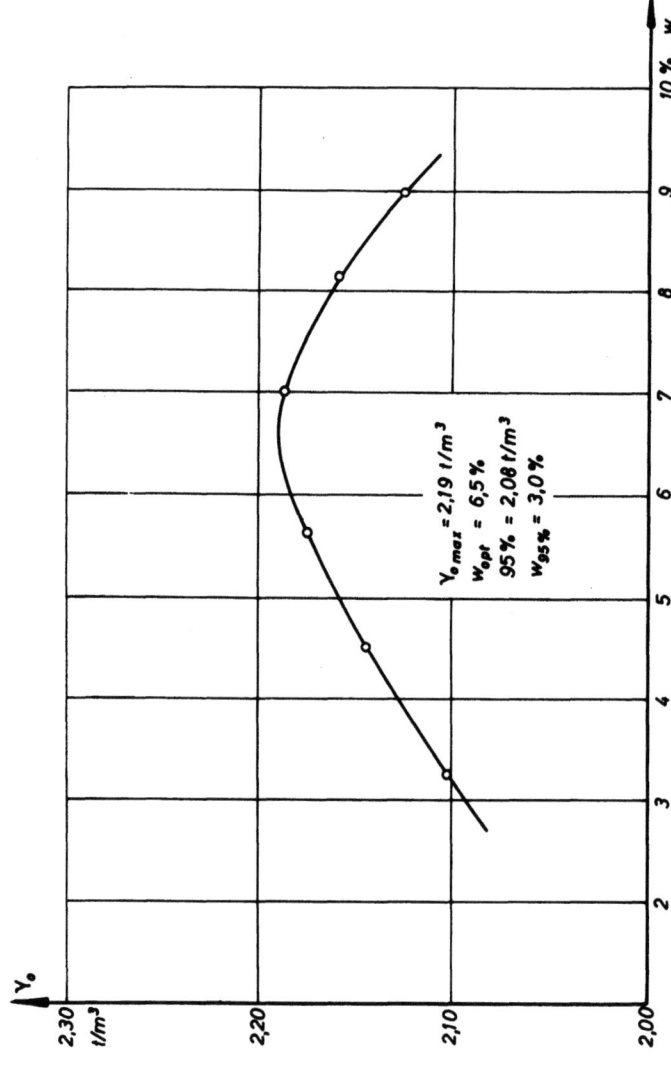

Tafel 2

Verdichtungsergebnisse bei Schotter

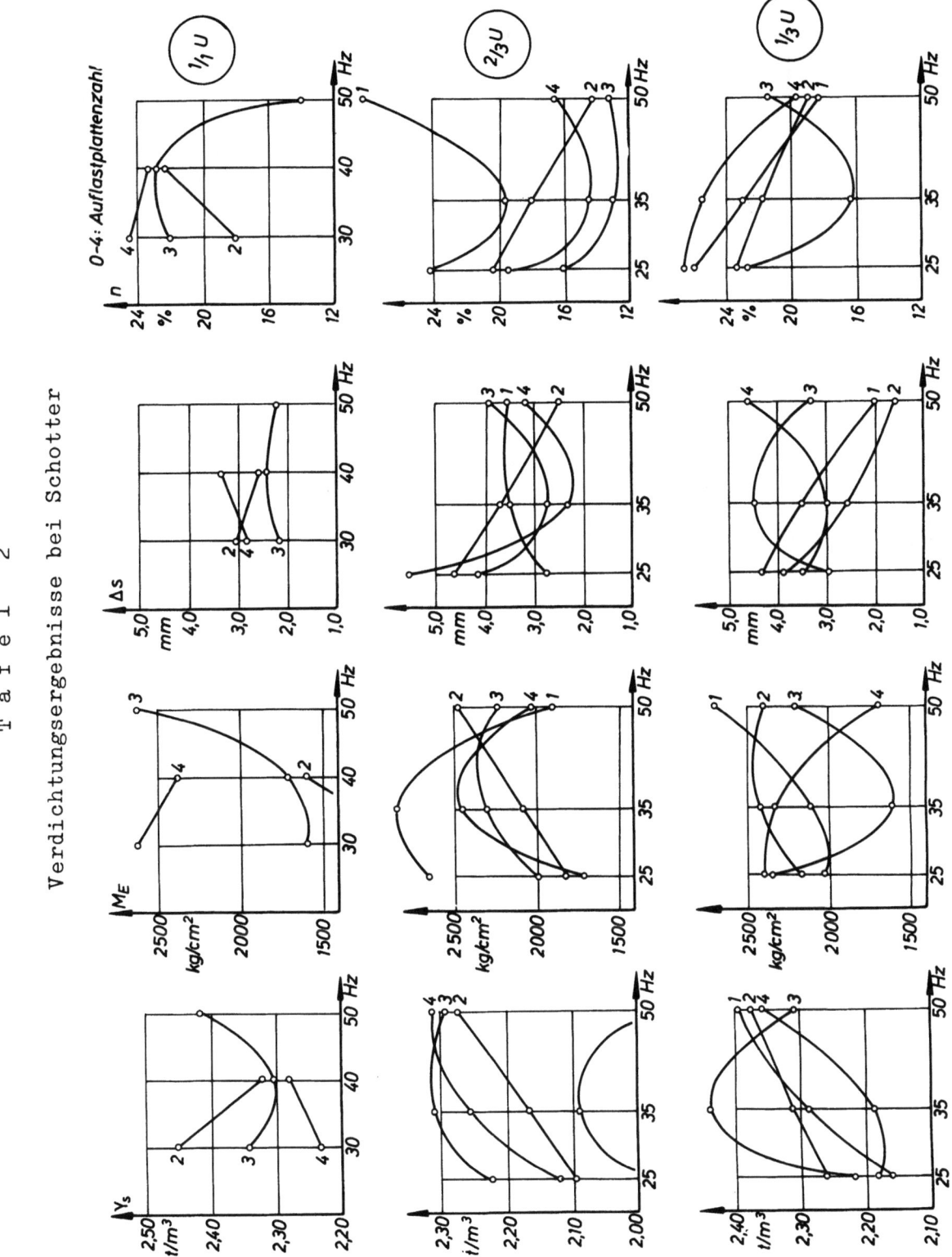

Seite 85

Tafel 3

Verdichtungsergebnisse bei Kiessand

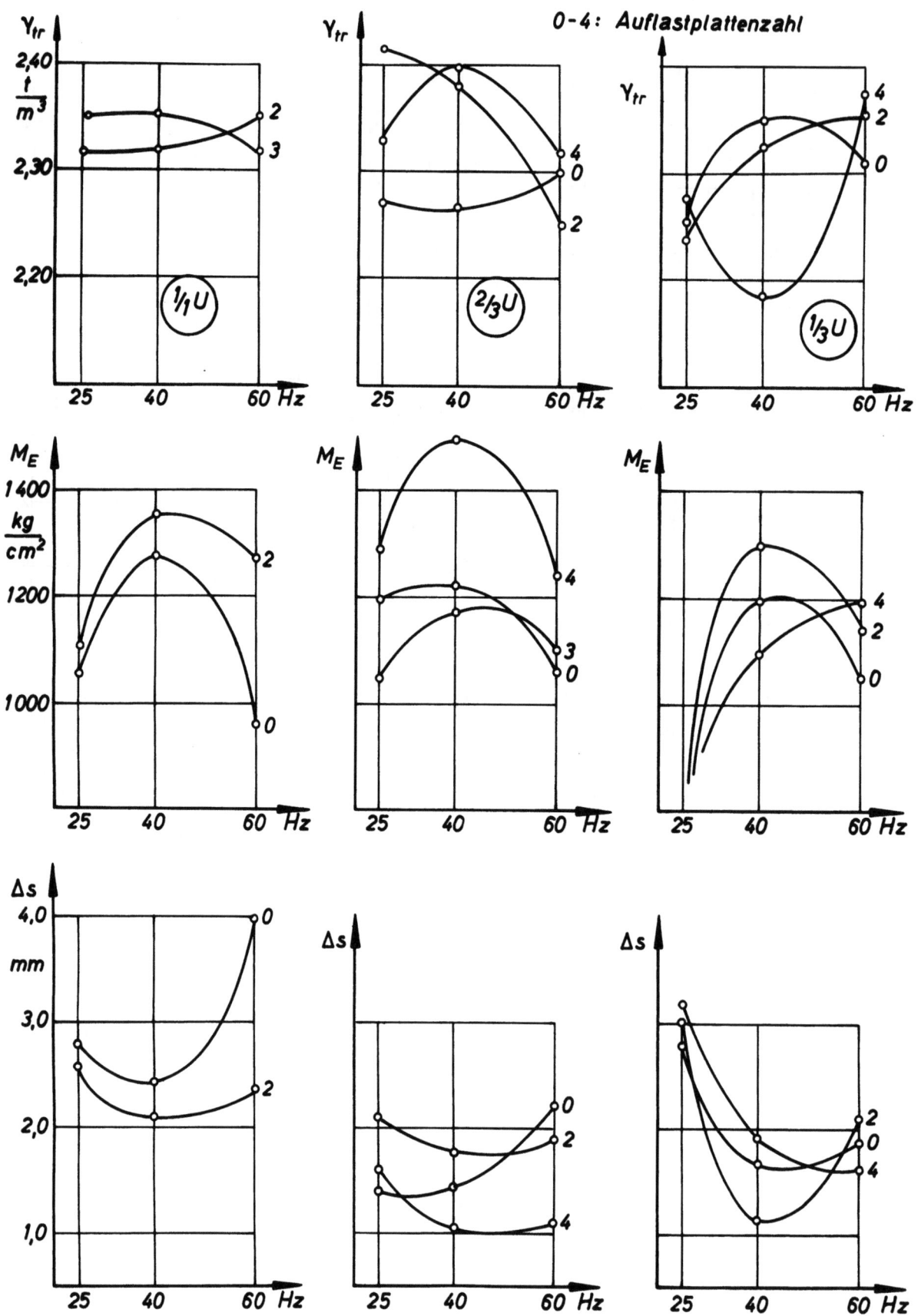

Seite 86

Tafel 4

Abnahme des Bodenwiderstandes mit zunehmender Dichte
(in verschiedenen Tiefen gemessen)

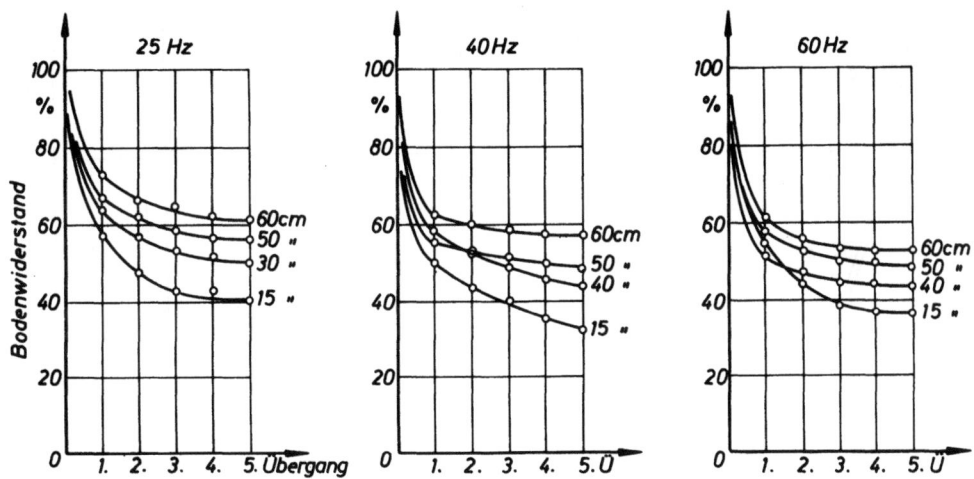

Tafel 5

Mittlere Beschleunigung auf Schotter

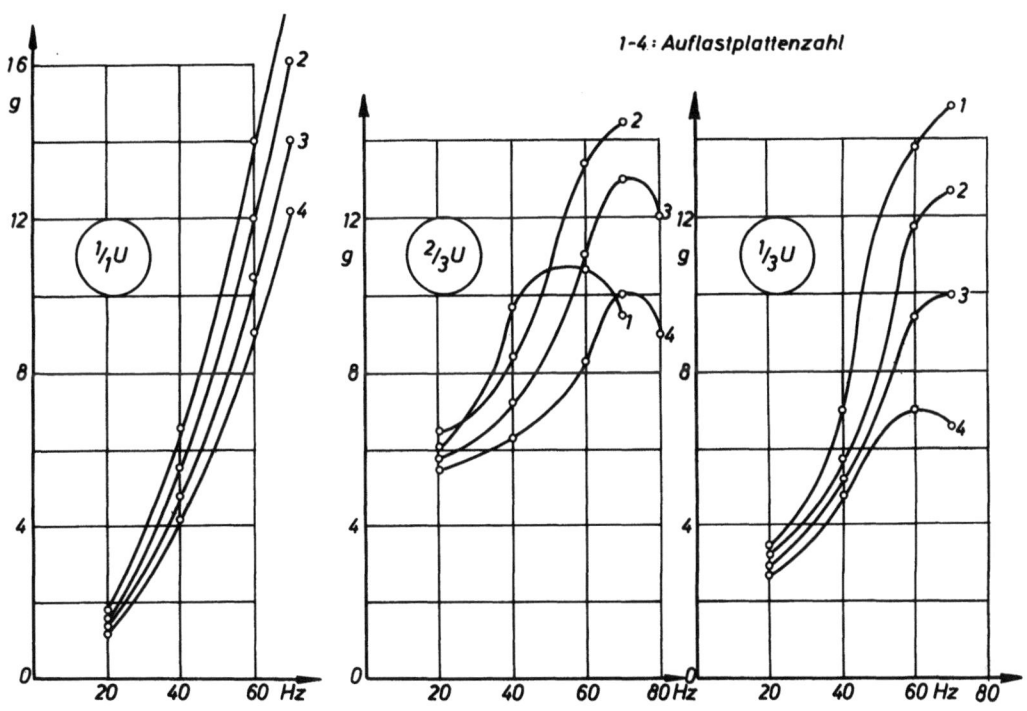

Tafel 6

Mittlere Beschleunigung auf Kiessand

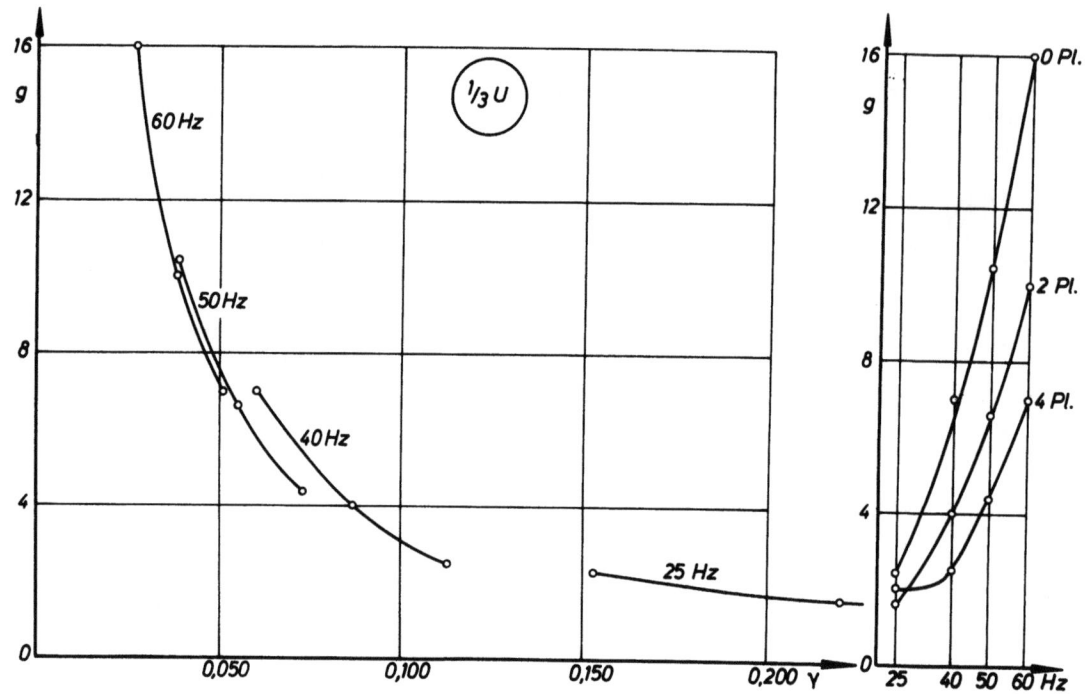

Tafel 7

Mittlere Auftreffgeschwindigkeit (Kiessand)

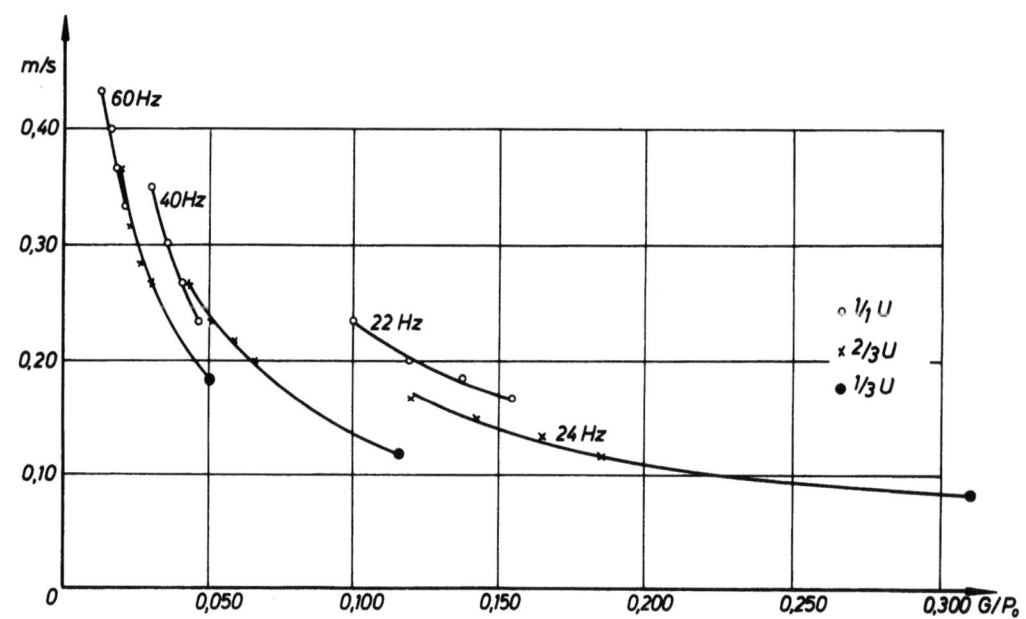

T a f e l   7a

Vergleich der mittleren Auftreffgeschwindigkeiten

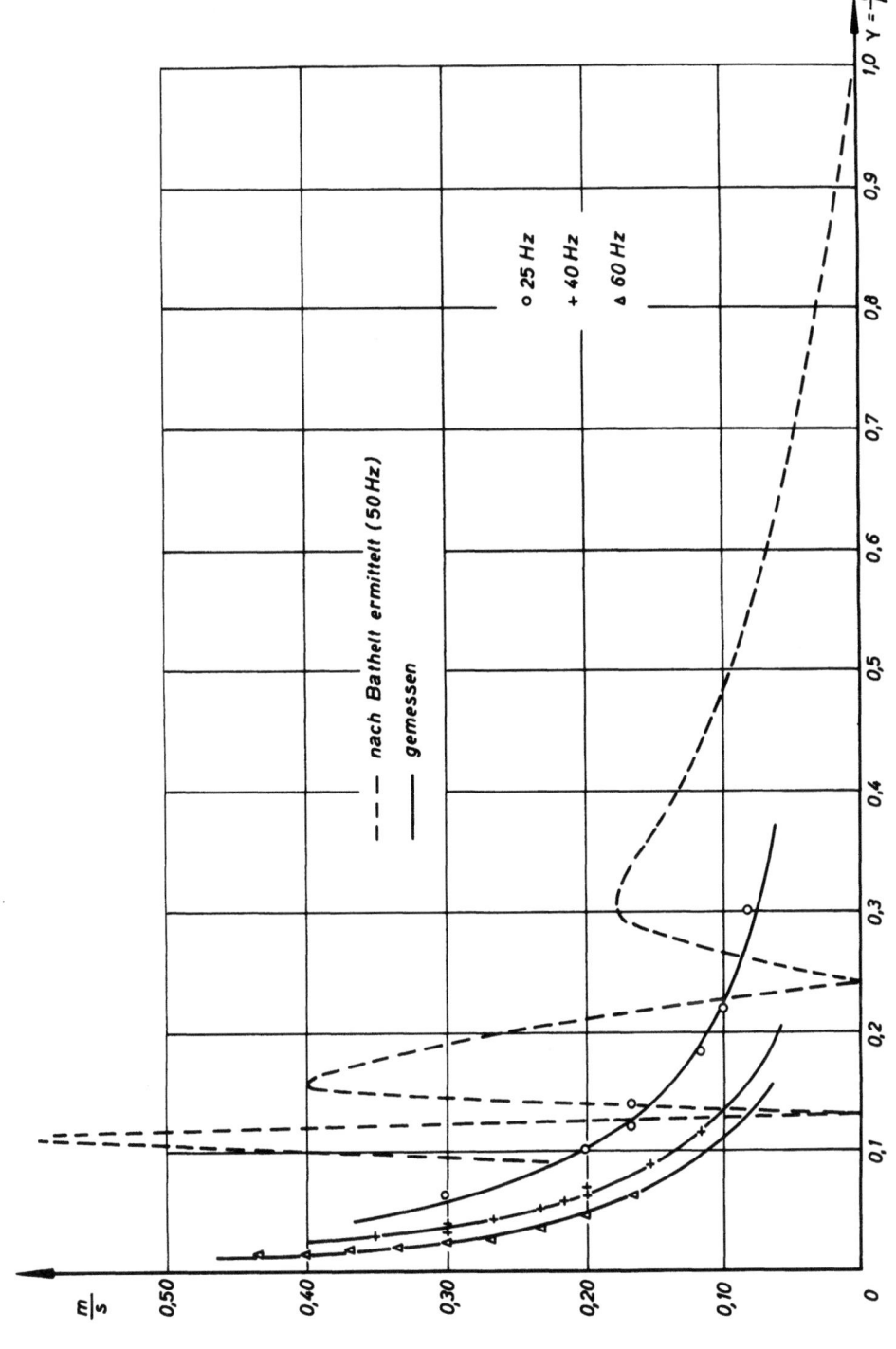

Tafel 8

Schlagkräfte auf Kiessand

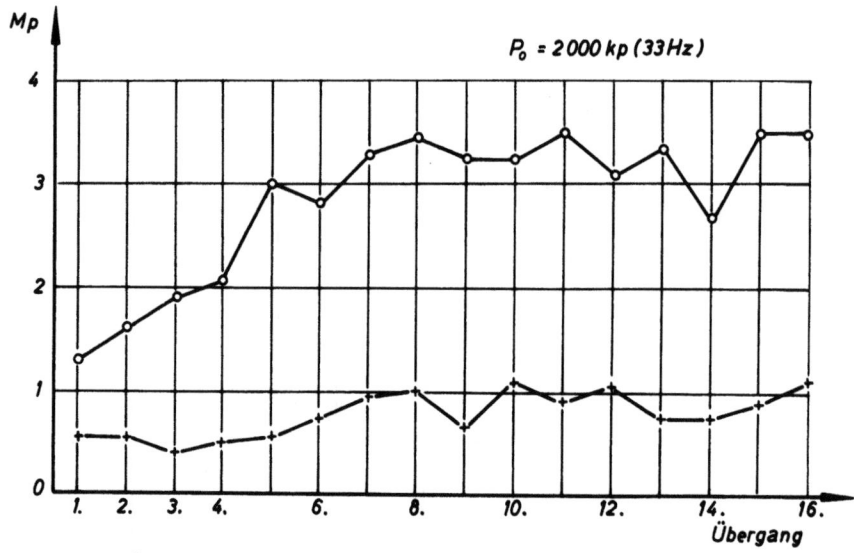

o Größtwerte
+ Mittelwerte

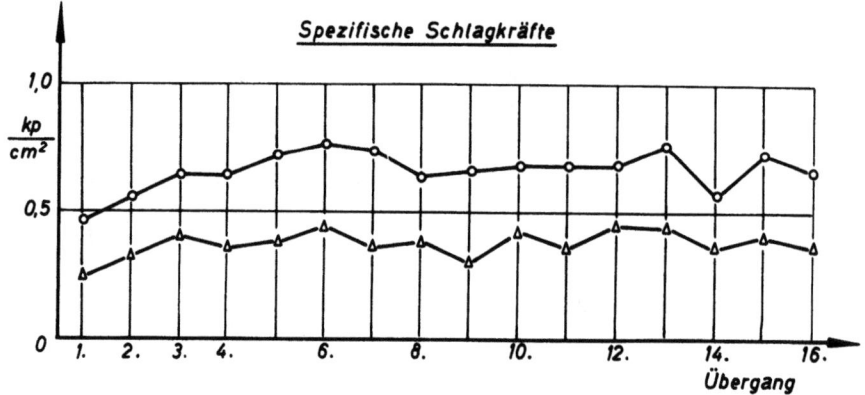

o in 30 cm Tiefe
△ in 60 cm Tiefe

Tafel 9

Auftreffgeschwindigkeiten und Verdichtungsergebnisse

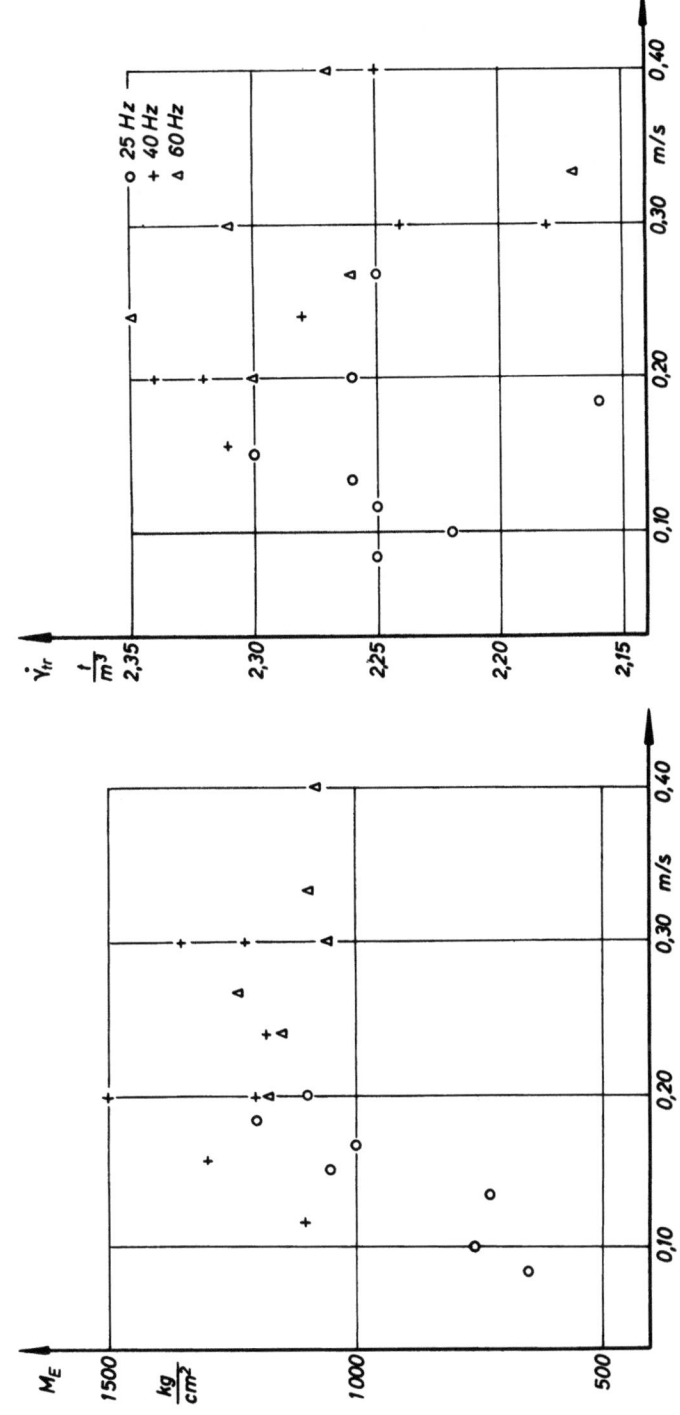

Tafel 10

Schlagkraft in Abhängigkeit von Unwuchtstellung und Sprunghöhe

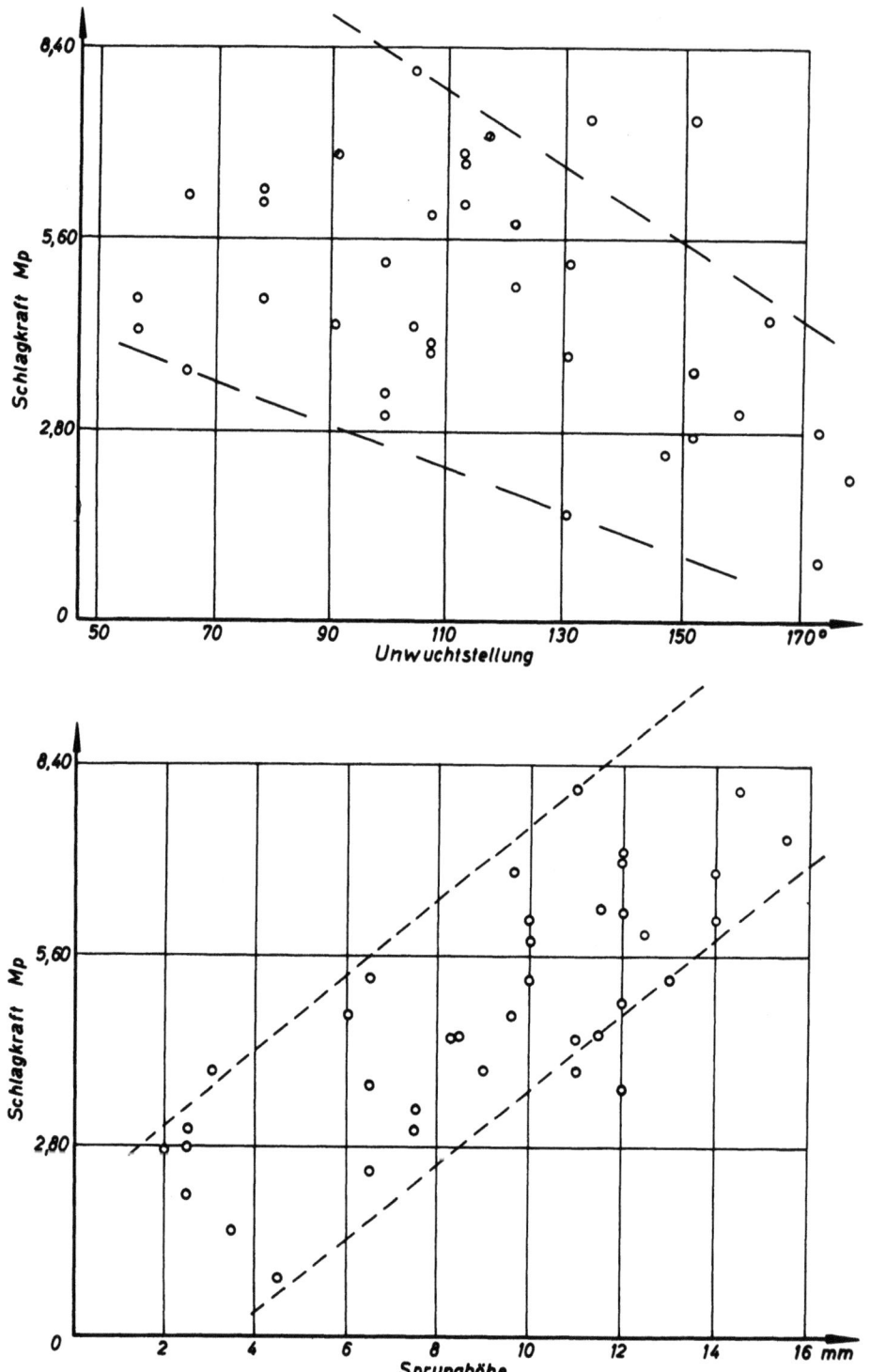

Tafel 11

Leistungsabgabe für zwei Rüttelplatten
(Zentralwert + T 90 Spanne)

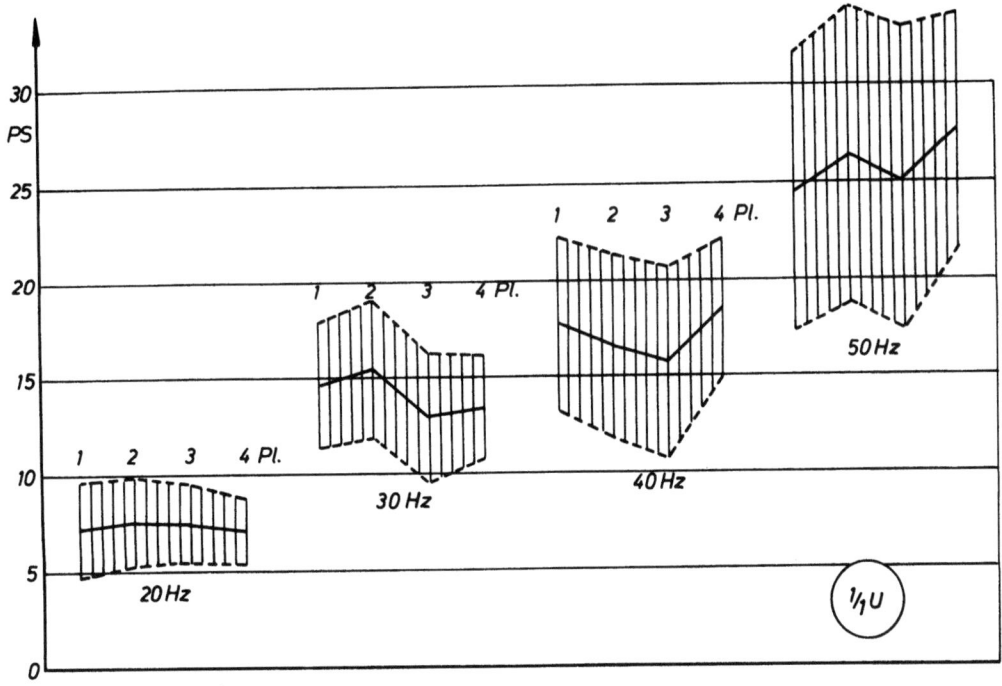

Tafel 12

Leistungsabgabe für zwei Rüttelplatten
(Zentralwert + T 90 Spanne)

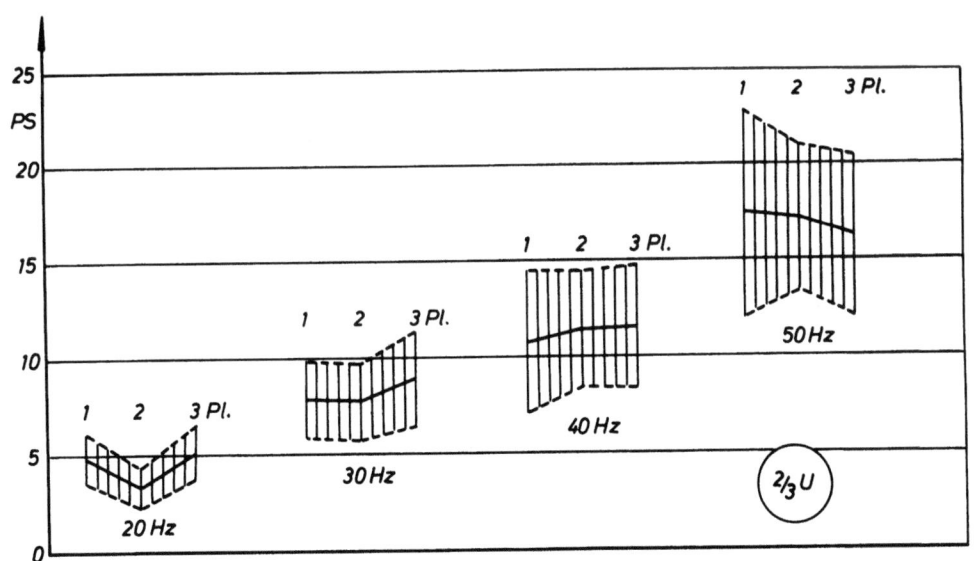

T a f e l   13

Leistungsabgabe für zwei Rüttelplatten
(Zentralwert + T 90 Spanne)

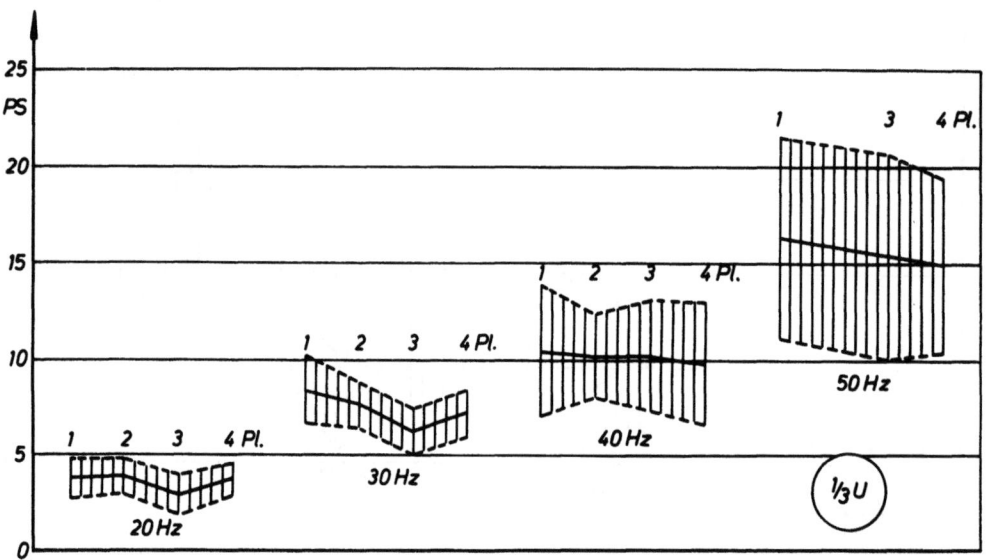

T a f e l   14

Leistungsabgabe für zwei Rüttelplatten
(nur Zentralwerte)

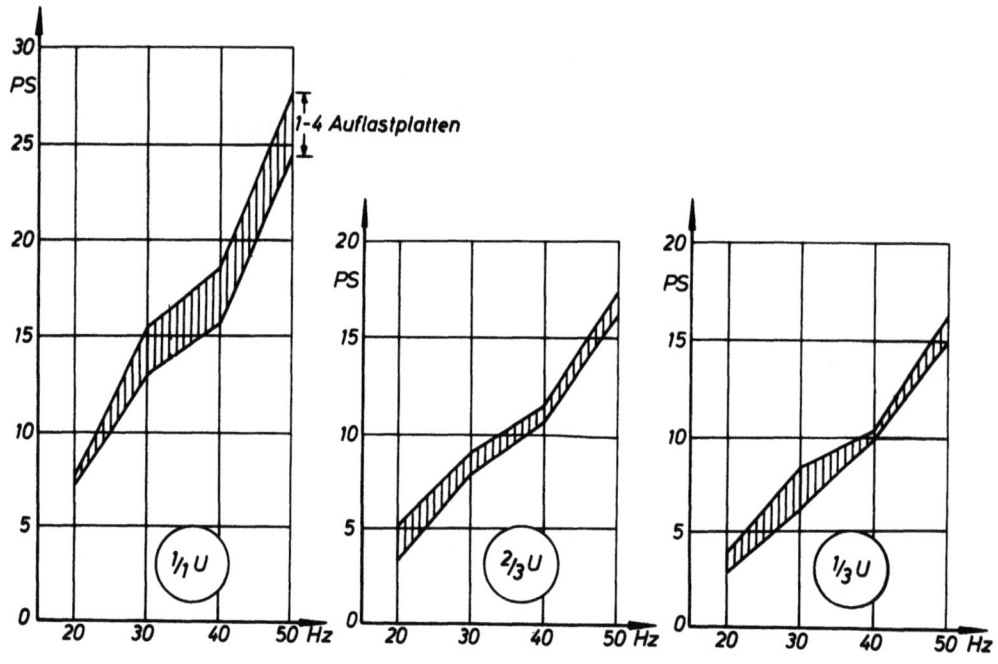

Tafel 15

Beispiel einer Häufigkeitsanalyse des Drehmomentes

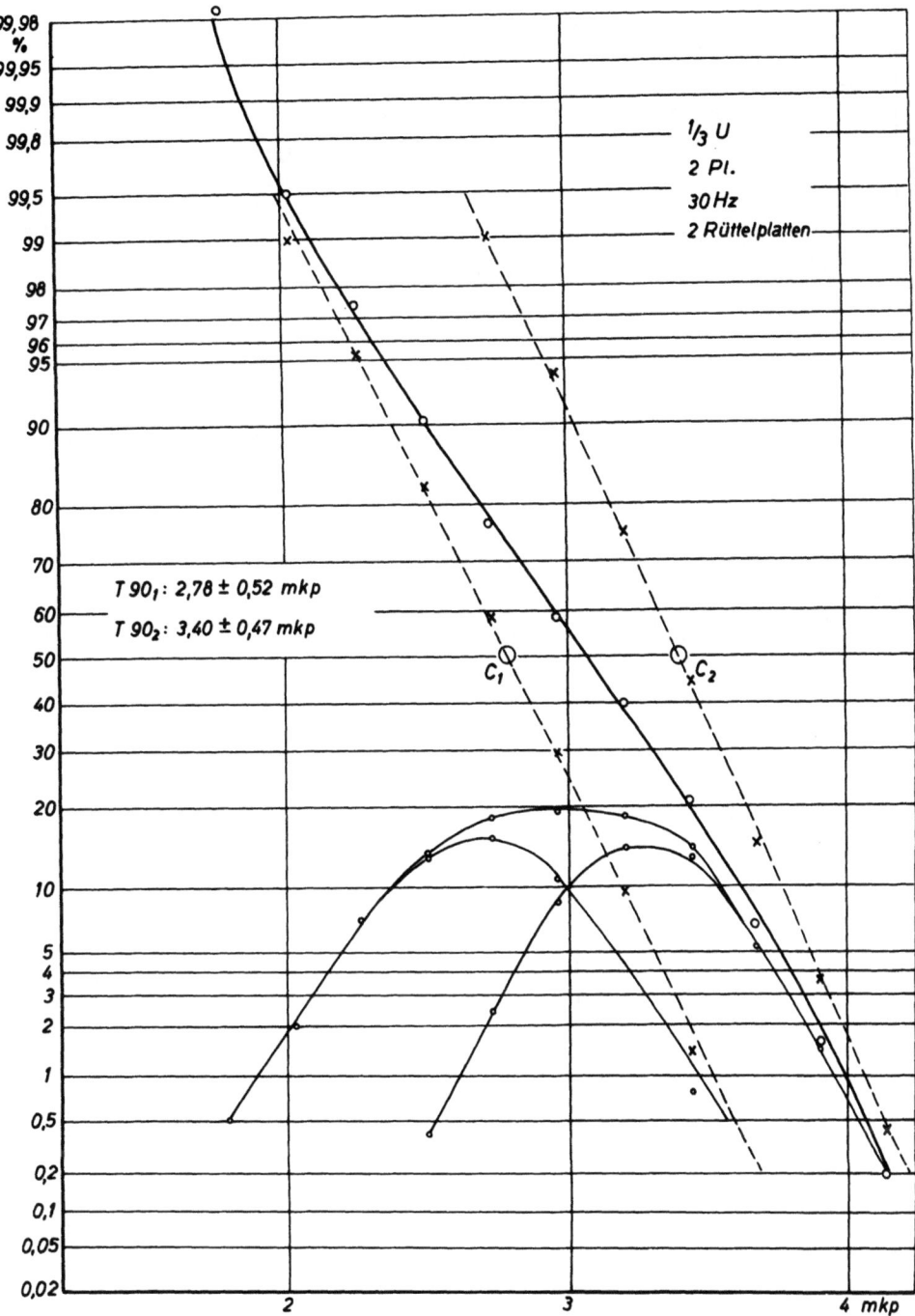

Seite 95

Tafel 16

J für 1s (auf Kiessand gemessen)

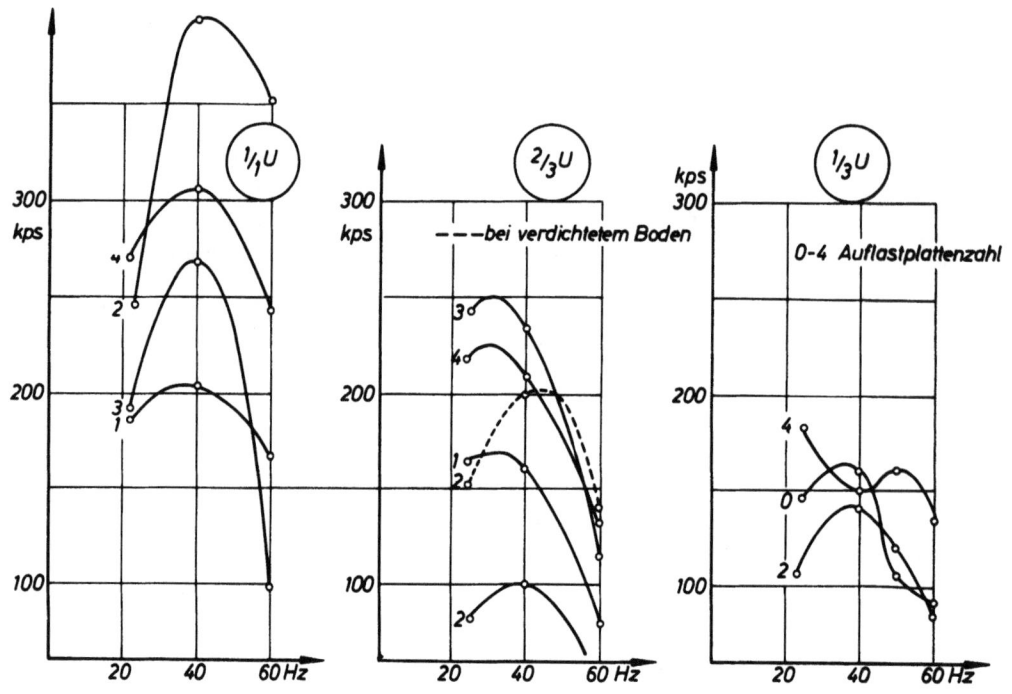

Tafel 17

Schlagkräfte auf Kiessand gemessen

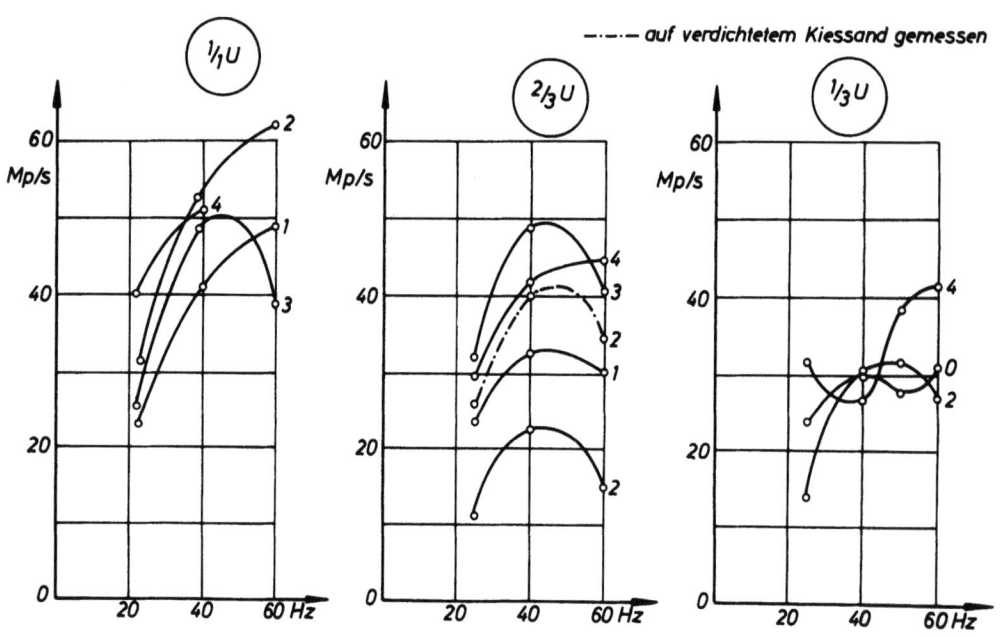

FORSCHUNGSBERICHTE DES LANDES NORDRHEIN-WESTFALEN

Herausgegeben durch das Kultusministerium

MASCHINENBAU

HEFT 45
Losenhausenwerk Düsseldorfer Maschinenbau AG., Düsseldorf
Untersuchungen von störenden Einflüssen auf die Lastgrenzenanzeige von Dauerschwingprüfmaschinen
1953, 36 Seiten, 11 Abb., 3 Tabellen, DM 7,25

HEFT 77
Meteor Apparatebau Paul Schmeck GmbH., Siegen
Entwicklung von Leuchtstoffröhren hoher Leistung
1954, 46 Seiten, 12 Abb., 2 Tabellen, DM 9,15

HEFT 100
Prof. Dr.-Ing. H. Opitz, Aachen
Untersuchungen von elektrischen Antrieben, Steuerungen und Regelungen an Werkzeugmaschinen
1955, 166 Seiten, 71 Abb., 3 Tabellen, DM 31,30

HEFT 136
Dipl.-Phys. P. Pilz, Remscheid
Über spezielle Probleme der Zerkleinerungstechnik von Weichstoffen
1955, 58 Seiten, 19 Abb., 2 Tabellen, DM 11,50

HEFT 147
Dr.-Ing. W. Rudisch, Unna
Untersuchung einer drehelastischen Elektromagnet-Synchronkupplung
1955, 82 Seiten, 65 Abb., DM 17,70

HEFT 183
Dr. W. Bornheim, Köln
Entwicklungsarbeiten an Flaschen- und Ampullen-Behandlungsmaschinen für die pharmazeutische Industrie
1956, 48 Seiten, 24 Abb., DM 11,70

HEFT 212
Dipl.-Ing. H. Spodig, Selm
Untersuchung zur Anwendung der Dauermagnete in der Technik
1955, 44 Seiten, 25 Abb., DM 9,80

HEFT 295
Prof. Dr.-Ing. H. Opitz und Dipl.-Ing. H. Axer, Aachen
Untersuchung und Weiterentwicklung neuartiger elektrischer Bearbeitungsverfahren
1956, 42 Seiten, 27 Abb., DM 10,30

HEFT 298
Prof. Dr.-Ing. E. Oehler, Aachen
Untersuchung von kritischen Drehzahlen, die durch Kreiselmomente verursacht werden
1956, 50 Seiten, 35 Abb., DM 13,15

HEFT 384
Prof. Dr.-Ing. H. Opitz, Aachen
Schwingungsuntersuchungen an Werkzeugmaschinen
1958, 66 Seiten, 73 Abb., DM 20,40

HEFT 412
Prof. Dr.-Ing. H. Opitz, Aachen
Kennwerte und Leistungsbedarf für Werkzeugmaschinengetriebe
1958, 72 Seiten, 35 Abb., DM 17,20

HEFT 506
Prof. Dr.-Ing. W. Meyer zur Capellen, Aachen
Der Flächeninhalt von Koppelkurven. Ein Beitrag zu ihrem Formenwandel
1958, 74 Seiten, 26 Abb., DM 21,50

HEFT 533
Prof. Dr.-Ing. H. Opitz und Dipl.-Ing. W. Hölken, Aachen
Untersuchung von Ratterschwingungen an Drehbänken
1958, 70 Seiten, 44 Abb., 2 Tabellen, DM 19,70

HEFT 606
Oberbaurat Prof. Dr.-Ing. W. Meyer zur Capellen, Aachen
Eine Getriebegruppe mit stationärem Geschwindigkeitsverlauf
1958, 34 Seiten, 21 Abb., DM 10,50

HEFT 631
Dr. E. Wedekind, Krefeld
Der Einfluß der Automatisierung auf die Struktur der Maschinen- und Arbeiterzeiten am mehrstelligen Arbeitsplatz in der Textilindustrie
1958, 72 Seiten, 32 Abb., 8 Tabellen, DM 21,10

HEFT 667
Prof. Dr.-Ing. H. Opitz und Dipl.-Ing. H. de Jong, Aachen
Schwingungs- und Geräuschuntersuchung an ortsfesten Getrieben
1959, 32 Seiten, 28 Abb., 2 Tabellen, DM 10,30

HEFT 668
Prof. Dr.-Ing. H. Opitz, Dipl.-Ing. G. Ostermann und Dipl.-Ing. M. Gappisch, Aachen
Beobachtungen über den Verschleiß an Hartmetallwerkzeugen
1958, 38 Seiten, 26 Abb., DM 12,—

HEFT 669
Prof. Dr.-Ing. H. Opitz, Dipl.-Ing. H. Uhrmeister und Dipl.-Ing. K. Jüstel, Aachen
Aufbau und Wirkungsweise einer Magnetbandsteuerung
1958, 50 Seiten, 39 Abb., DM 15,—

HEFT 670
Prof. Dr.-Ing. H. Opitz und Dipl.-Ing. W. Backé, Aachen
Untersuchung von Kopiersteuerungen
1959, 70 Seiten, 54 Abb., DM 18,80

HEFT 671
Prof. Dr.-Ing. H. Opitz, Dr.-Ing. R. Piekenbrink und Dipl.-Ing. K. Honrath, Aachen
Untersuchungen an Werkzeugmaschinenelementen
1959, 70 Seiten, 71 Abb., DM 20,—

HEFT 672
Prof. Dr.-Ing. H. Opitz, Dipl.-Ing. H. Heiermann und Dipl.-Ing. B. Rupprecht, Aachen
Untersuchungen beim Innenrundschleifen
1959, 34 Seiten, 50 Abb., DM 11,50

HEFT 673
Prof. Dr.-Ing. H. Opitz, Dipl.-Ing. H. Obrig und Dipl.-Ing. K. Ganser, Aachen
Die Bearbeitung von Werkzeugstoffen durch funkenerosives Senken
1959, 60 Seiten, 41 Abb., 1 Tabelle, DM 18,—

HEFT 676
Prof. Dr.-Ing. W. Meyer zur Capellen, Aachen
Harmonische Analyse bei Kurbeltrieben.
I. Allgemeine Zusammenhänge
1959, 38 Seiten. 10 Abb., DM 11,50

HEFT 695
Dr.-Ing. W. Herding, München
Die Fahrdynamik und das Arbeitsspiel gleisloser Erdbaugeräte als Kalkulationsgrundlage für die Bodenförderung und ihre Kosten
1960, 178 Seiten, 89 Abb., 18 Tabellen, DM 49,—

HEFT 718
Prof. Dr.-Ing. W. Meyer zur Capellen, Aachen
Die geschränkte Kurbelschleife
I. Die Bewegungsverhältnisse
1959, 110 Seiten, 54 Abb., DM 29,20

HEFT 764
Prof. Dr.-Ing. H. Opitz, Dr.-Ing. H. Siebel und Dipl.-Ing. R. Fleck, Aachen
Keramische Schneidstoffe
1959, 30 Seiten, 18 Abb., DM 9,80

HEFT 772
Prof. Dr.-Ing. W. Meyer zur Capellen
Nomogramme zur geneigten Sinuslinie
1959, 28 Seiten, 11 Abb., DM 8,50

HEFT 775
Prof. Dr.-Ing. H. Opitz
Automatische Erfassung der Maßabweichung der Werkstücke zum Zweck der selbständigen Korrektur der Maschine
1959, 38 Seiten, 27 Abb., DM 11,40

HEFT 777
Prof. Dr.-Ing. H. Opitz und Dipl.-Ing. P.-H. Brammertz, Aachen
Werkstückgüte und Fertigkeitskosten beim Innen-Feindrehen und Außenrund-Einsteckschleifen
1959, 92 Seiten, 68 Abb., DM 25,30

HEFT 788
Prof. Dr.-Ing. Herwart Opitz, Aachen
Der Einsatz radioaktiver Isotope bei Zerspannungsuntersuchungen
1959, 36 Seiten, 23 Abb., DM 11,30

HEFT 794
Dipl.-Ing. Reinhard Wilken, Düsseldorf
Das Biegen von Innenborden mit Stempeln
1959, 82 Seiten, DM 22,40

HEFT 801
Baurat Dipl.-Ing. Gesell, Duisburg
Ersatz von Quarzsand als Strahlmittel
1960, 66 Seiten, 12 Abb., 4 Tabellen, 17 Diagramme, DM 18,90

HEFT 803
Prof. Dr.-Ing. W. Meyer zur Capellen und Dipl.-Ing. E. Lenk, Aachen
Harmonische Analyse bei Kurbeltrieben. Teil II: Gleichschenklige Getriebe
1960, 69 Seiten, 15 Abb., DM 18,40

HEFT 804
Prof. Dr.-Ing. W. Meyer zur Capellen und Dipl.-Ing. W. Rath, Aachen
Die geschränkte Kurbelschleife. Teil II: Die Harmonische Analyse
1960, 66 Seiten. 14 Abb., DM 18,90

HEFT 806
Prof. Dr.-Ing. H. Opitz u. a., Aachen
Untersuchungen von Zahnradgetrieben und Zahnradbearbeitungsmaschinen
1960, 95 Seiten, 81 Abb., DM 29,30

HEFT 809
Prof. Dr.-Ing. H. Opitz und Dipl.-Ing. H. H. Herold, Aachen
Untersuchung von elektro-mechanischen Schaltelementen
1960, 35 Seiten, 16 Abb., DM 11,—

HEFT 810
Prof. Dr.-Ing. H. Opitz und Dr.-Ing. N. Maas, Aachen
Das dynamische Verhalten von Lastschaltgetrieben
1960, 97 Seiten, 77 Abb., DM 29,50

HEFT 811
Prof. Dr.-Ing. H. Opitz und Dipl.-Ing. H. Bürklin, Aachen
Fa. Schoppe & Faeser, Minden, bearbeitet im Auftrage des Forschungsinstitutes für Rationalisierung in Aachen
Über Weggeber für automatisch gesteuerte Arbeitsmaschinen

HEFT 820
Prof. Dr.-Ing. H. Opitz, Dipl.-Ing. H. Rohde und Dipl.-Ing. W. König, Aachen
Untersuchungen der Spanformung durch Spanbrecher beim Drehen mit Hartmetallwerkzeugen
1960, 35 Seiten, 16 Abb., DM 15,80

HEFT 830
Prof. Dr.-Ing. H. Opitz und Dipl.-Ing. W. Backé, Aachen
Automatisierung des Arbeitsablaufes in der spanabhebenden Fertigung

HEFT 831
Prof. Dr.-Ing. H. Opitz, Dr.-Ing. H.-G. Rohs und Dr.-Ing. G. Stute, Aachen
Statistische Untersuchungen über die Ausnutzung von Werkzeugmaschinen in der Einzel- und Massenfertigung
1960, 38 Seiten, 32 Abb., DM 13,—

HEFT 864
Prof. Dr.-Ing. H. Opitz, Aachen
Funkenarbeit und Bearbeitungsergebnis bei der funkenerosiven Bearbeitung
1960, 44 Seiten. 19 Abb., DM 13,10

HEFT 873
*Prof. Dr.-Ing. W. Meyer zur Capellen und
Dipl.-Ing. W. Rath, Aachen*
Kinematik der sphärischen Schubkurbel
1960, 38 Seiten, 13 Abb., DM 11,20

HEFT 887
Baurat Dipl.-Ing. W. Gesell, Duisburg
Arbeiten mit Preß-Formmaschinen unter Normal-Bedingungen und bei hohen spezifischen Preßdrucken

HEFT 898
Prof. Dr.-Ing. H. Opitz und H. de Jong, Aachen
Untersuchung von Zahnradgetrieben und Zahnradbearbeitungsmaschinen in Zusammenarbeit mit der Industrie

HEFT 900
Prof. Dr.-Ing. H. Opitz und Dr.-Ing. J. Bielefeld, Aachen
Automatisierung der Werkzeugmaschine für die spanabhebende Bearbeitung

HEFT 901
*Prof. Dr.-Ing. H. Opitz, Dr.-Ing. J. Bielefeld und
Dipl.-Ing. W. Kalkert, Aachen*
Lebensdauerprüfung von Zahnradgetrieben

Ein Gesamtverzeichnis der Forschungsberichte, die folgende Gebiete umfassen, kann bei Bedarf vom Verlag angefordert werden:

Acetylen / Schweißtechnik – Arbeitspsychologie und -wissenschaft – Bau / Steine / Erden – Bergbau – Biologie – Chemie – Eisenverarbeitende Industrie – Elektrotechnik / Optik – Fahrzeugbau / Gasmotoren – Farbe / Papier / Photographie – Fertigung – Gaswirtschaft – Hüttenwesen / Werkstoffkunde – Luftfahrt / Flugwissenschaften – Maschinenbau – Medizin – Pharmakologie / Physiologie – NE-Metalle – Physik – Schall / Ultraschall – Schiffahrt – Textiltechnik / Faserforschung / Wäschereiforschung – Turbinen – Verkehr – Wirtschaftswissenschaften.

If you have any concerns about our products,
you can contact us on
ProductSafety@springernature.com

In case Publisher is established outside the EU,
the EU authorized representative is:
**Springer Nature Customer Service Center GmbH
Europaplatz 3, 69115 Heidelberg, Germany**

Printed by Libri Plureos GmbH
in Hamburg, Germany